"十三五"国家重点图书出版规划项目

# 画说园林植物病虫害防治

中国农业科学院组织编写

郑智龙 陈尚凤 李 贞 柴瑞娟 杨锦兰 贾孝凤 主编

中国农业科学技术出版社

图书在版编目(CIP)数据

画说园林植物病虫害防治 / 郑智龙等主编 . — 北京：中国农业科学技术出版社，2019.4

ISBN 978-7-5116-3931-8

Ⅰ. ①画… Ⅱ. ①郑… Ⅲ. ①园林植物—病虫害防治— Ⅳ. ① S436.8-64

中国版本图书馆 CIP 数据核字（2018）第 258537 号

责任编辑 姚欢

责任校对 马广洋

出 版 者 中国农业科学技术出版社

北京市中关村南大街 12 号 邮编：100081

电 话 （010）82106636（编辑室）（010）82109702（发行部）

（010）82109709（读者服务部）

传 真 （010）82106631

网 址 http://www.castp.cn

经 销 者 各地新华书店

印 刷 者 北京东方宝隆印刷有限公司

开 本 880mm × 1 230mm 1 /32

印 张 6.125

字 数 200 千字

版 次 2019 年 4 月第 1 版 2019 年 4 月第 1 次印刷

定 价 39.80 元

版权所有 · 侵权必究

# 编委会

《画说“三农”书系》

主　任　张合成

副主任　李金祥　王汉中　贾广东

委　员

贾敬敦　杨雄年　王守聪　范　军

高士军　任天志　贡锡锋　王述民

冯东昕　杨永坤　刘春明　孙日飞

秦玉昌　王加启　戴小枫　袁龙江

周清波　孙　坦　汪飞杰　王东阳

程式华　陈万权　曹永生　殷　宏

陈巧敏　骆建忠　张应禄　李志平

# 编委会

《画说园林植物病虫害防治》


**主　编**　郑智龙　陈尚凤　李　贞　柴瑞娟　杨锦兰　贾孝凤

**副主编**　李士洪　张立峰　马丹丹　王珊珊　赵丽芍　刘阳阳　丁　鸽　魏亚利　李传启　杨　贺　陈素琴　许广敏　张立华　王建娜　赵肃然　董智超　张彦会　刘素玲　孙会兰　郭玉政　范春晖　景黎霞　范跃峰　崔迷俭　刘晓文　林　斌　张秋红　肖升光　李　芳　黄　亚　王爱华　吴俊霞　杜霄霞　张伍超　赵永想　张军波　崔文静　徐向东　辛贺奎　韩　培　杨明丽　董士龙　上官恋军　邵红旗　李红云　牛　青

**编　委**（以姓氏笔画为序）

才新山　王丽红　王长岭　王　琳　王润军　卢欣州　李瑞丽　杜红莉　邵光明　余　坤　宋红芹　范大整　郑海霞　林　垚　赵广杰　赵含欣　姜彩英　祖立场　胡建硕　袁蒙蒙　徐文朝　崔亚娜　黄　丽　潘　娜

# 序言

《画说“三农”书系》

农业、农村和农民问题，是关系国计民生的根本性问题。农业强不强、农村美不美、农民富不富，决定着亿万农民的获得感和幸福感，决定着我国全面小康社会的成色和社会主义现代化的质量。必须立足国情、农情，切实增强责任感、使命感和紧迫感，竭尽全力，以更大的决心、更明确的目标、更有力的举措推动农业全面升级、农村全面进步、农民全面发展，谱写乡村振兴的新篇章。

中国农业科学院是国家综合性农业科研机构，担负着全国农业重大基础与应用基础研究、应用研究和高新技术研究的任务，致力于解决我国农业及农村经济发展中战略性、全局性、关键性、基础性重大科技问题。根据习总书记“三个面向”“两个一流”“一个整体跃升”的指示精神，中国农业科学院面向世界农业科技前沿、面向国家重大需求、面向现代农业建设主战场，组织实施“科技创新工程”，加快建设世界一流学科和一流科研院所，勇攀高峰，率先跨越；牵头组建国家农业科技创新联盟，联合各级农业科研院所、高校、企业和农业生产组织，共同推动我国农业

科技整体跃升，为乡村振兴提供强大的科技支撑。

组织编写《画说“三农”书系》，是中国农业科学院在新时代加快普及现代农业科技知识，帮助农民职业化发展的重要举措。我们在全国范围遴选优秀专家，组织编写农民朋友用得上、喜欢看的系列图书，图文并茂展示先进、实用的农业科技知识，希望能为农民朋友提升技能、发展产业、振兴乡村作出贡献。

中国农业科学院党组书记 张合成

2018 年 10 月 1 日

# 前言

《画说园林植物病虫害防治》

园林是自然与人文的结合，是科学与艺术的结合。随着生态文明建设步伐的加快，美丽中国建设进程的提速，小康社会的全面建成，乡村振兴战略的深入实施，对外开放程度的扩大，“一带一路”交往的频繁，城乡结构的调整，气候的异常变化，新物种的不断引入，南树北移，北树南移增加，物流运输及贸易的加快，园林植物生长的空间环境各异，园林植物病虫害也出现了许多新情况、新问题，对园林植保工作提出了新挑战。

园林植物病虫害防治是一项公益事业，事关国土生态安全、国家气候安全、园林景观安全、人民健康安全和城乡文明形象。前些年，个别地方由于缺乏对园林植物病虫害防治工作的认识，曾一度出现“夏树冬景”现象，并见诸报端。为适应新常态下建设生态文明的新要求，我们聚集了全国园林植保界从业多年的专家、教授、学者，编撰出版了《画说园林植物病虫害防治》。本书汇集了常见园林植物病虫害，介绍了病虫害的地域分布、形态特征、发生规律及为害症状、防治措施等。图文并茂、一看就懂，语言通俗、一学就会，防治及操作方法简单，一用见效。

在本书编写过程中得到了中国农业科学院、

中国农业大学、北京林业大学、南京林业大学、华中农业大学、西北农林科技大学、河南省农业科学院、河南省住房和城乡建设厅、河南省林业厅、河南农业大学、国家林业局森林病虫害防治总站、河南省森林病虫害防治检疫站、河南省园林绿化协会、河南省公园协会、河南农业职业学院、甘肃省庆阳市森防站等科研单位的专家学者的大力支持，特别感谢已故的北京市农林科学院植物保护环境保护研究所原副所长、中国农业科学院原客座研究员吴钜文老师对本书编写出版工作的大力支持，并提出宝贵意见和建议，谨在此一并表示衷心感谢！

编者

2019 年 1 月于中国农业科学院　北京

# Contents 目录

# 第一章

# 画说园林植物病害

由于园林植物的种类多样，既可单独栽植，又可与其他材料配合组成丰富多彩的园林景观，也可大面积栽植，园林植物在我们身边随处可见，为人们提供了良好的生态环境，优美的园林植物带给我们以享受，而一旦受病虫为害，所造成的损失不可估量。本书主要介绍园林植物代表性的叶部、枝干部、根部病害。

**一、侵染性病害**

由生物性病原引起的病害都能相互传染，有侵染过程，称为侵染性病害或传染性病害，也称寄生性病害、生物性病害。

**二、非侵染性病害**

由非生物性病原引起的病害，不能互相传染，没有侵染过程，称为非侵染性病害或非传染性病害。

**三、侵染性病害与非侵染性病害的区别**

一是看有无病征。一般情况下，侵染性病害有病征，即在病部或邻近病部有霉状物、粉状物、颗粒状物、菌脓等，而非侵染性病害没有病征。二是从发病范围来看，侵染性病害有明显的发病中心，有从发病中心向周围扩散蔓延的明显迹象，而非侵染性病害无明显的发病中心，一般为大面积普遍发生。

**四、园林植物病害的表现形式**

植物感病后，在外部形态上表现的不正常特征称为症状。对有些侵染性病害来说，病害症状包括病状和病症。病状是寄主植物在外部形态上表现的病变特征，如变色、坏死斑、肿瘤、萎蔫、腐烂等。病症是病原物在寄主发病部位上产生的肉眼可见的繁殖体和营养体等，如菌丝、粉状物、毛状物、颗粒、蘑菇、菌脓、寄生植物个体等。

1. 白粉病

病部表面有一层白色的粉状物，后期在白粉层上散生许多针头大小的黑色颗粒状物。以悬铃木白粉病为例进行介绍。

【分布为害】悬铃木具有“世界行道树之王”的美誉，被广泛应用到园林绿化中，近年来，白粉病的发生为害日趋严重，并影响着其生长和观赏效果。白粉病是悬铃木病害中极易扩散蔓延且很难根除的真菌性病害，受气候的影响，特别是近几年来，为害更加严重，表现为发生较早且发生普遍，传播速度快。随着悬铃木种植范围的扩大，其发生范围也越来越广，在华东、华中、西南及中原地区均呈严重发生趋势。

悬铃木白粉病

【症状】悬铃木白粉病主要为害叶片、新梢，也可为害芽，延至茎部。

悬铃木白粉病为害枝梢状

紫薇白粉病

受害新梢部位表层覆盖一层白粉，染病新梢节间短，后期病梢上的叶片大多干枯脱落；叶片受害，背面产生白粉状斑块，正面叶色发黄、深浅不均，发病严重的叶片正反两面均布满白色粉层，皱缩卷曲，以致叶片枯黄，提前脱落；白粉病菌为害悬铃木嫩芽，使芽的外形瘦长，顶端尖细，芽鳞松散，严重时导致芽当年枯死，染病轻的芽在第二年萌发后形成白粉病梢。

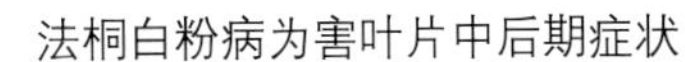

法桐白粉病为害叶片中后期症状

月季白粉病

【病原】致病菌为悬铃木白粉菌（*Erysiphe platani*）引起的悬铃木叶部病害，属外寄生性，其菌丝体全部或大部暴露在寄主植物的叶、茎、嫩梢、芽、花和果实的表面，并产生大量由菌丝体、分生孢子梗和分生孢子构成的肉眼可见的白色粉状物，故名白粉病。

【发病规律】悬铃木白粉菌为外寄生性真菌，常发生在叶部、嫩梢等幼嫩组织，病菌是专性寄生菌，虽不能引起树木立即死亡，但影响植物正常的光合作用，进而影响生长发育，能引起叶片扭曲变黄，提前落叶。侵入悬铃木树体后以菌丝的形式潜伏在芽鳞片中越冬，翌年悬铃木萌芽时休眠菌丝侵入新梢。闭囊壳放射出子囊孢子进行初侵染，在树体的表面以吸器伸入寄主组织内吸取养分和水分，并不断在寄主表面扩展。白粉病依靠风力传播，传染性比较强，病程短，再侵染发生频繁且难以控制。白粉病的发病程度与环境温湿度密切相关，春秋季发病较为严重，气温 2℃左右就可发病，15 ~ 20℃是白粉病发病最适温度，但是，当温度超过 25℃时病害发展趋于缓慢；等到气温回升到 21 ~ 25℃、湿度达到 70% 以上时孢子开始大量繁殖传播，因此，悬铃木白粉病每年在 4 — 5 月和 8 — 9 月出现两次发病盛期。春季温暖干旱、夏季凉爽、秋季晴朗均是促进病害流行扩展的主要原因。另外，连续阴雨对病害亦有抑制作用。分生孢子随气流传播，雨水过多反而影响白粉病菌的传播；植株营养充分，能够提高树体的抗病性，因此，树体营养也是影响悬铃木白粉病发生的条件；气候条件与发病有密切关系，高温高湿是白粉病发生的促进因素；栽植密度大、树冠郁蔽易造成树体生长环境郁闭，通风透光很差，树体周围温度湿度不利于树体生长，导致白粉病的发生；土壤黏重、施肥不足、偏施氮肥和管理粗放等都容易引起悬铃木树体正常生长受阻，树体营养供应不足、氮肥过多导致树体旺长，从而树势削弱，抗病性下降，利于白粉病菌的侵染潜伏、发病以致大暴发。

【防治】

（1）加强管理。悬铃木在城市绿化上用量多、种植面广，购苗时要选无病植株，苗木出圃时，要进行施药防治，严防带病苗木将病菌传入新区。选择发病轻或抗病性强的品种栽植是防治白粉病最经济有效的方法。加强管理，合理密植，清除病原，剪除病枝和病芽，疏剪过密枝条，使树冠通风透光，减少白粉病菌的传染。增强树势，春末、夏初增施有机肥和磷钾肥，提高植物抗病能力，避免偏施氮肥，导致悬铃木树体旺长，营养补给不及时造成树势削弱，抗病性下降。

（2）搞好预防。白粉病防治的重点应放在春季，在发病初期控制住病情。开春新叶萌发后，在完成冬季休眠期修剪后普遍喷一次 5 波美度的石硫合剂，展叶初期普遍喷施一次等量式波尔多液 1 500 倍液或用代森锰锌进行预防。

（3）药剂防治。发病后可用 25% 三唑酮可湿性粉剂 1 000 ~ 1 500 倍液，或用 70% 甲基硫菌灵可湿性粉剂 800 ~ 1 200 倍液喷雾，或用 50% 多菌灵、50% 福美甲胂可湿性粉剂 800 倍液，或用 70% 百菌清 600 ~ 800 倍液。每隔 10 ~ 15 天一次，连续喷 2 ~ 3 次。对重点发病区域要注意观察，应进行统一防治，结合适当修剪病害严重枝干，加大防治力度，降水多的年份喷药次数应适当增加，药剂的合理使用能有效地控制该病的发生与蔓延，几种药剂应交替使用，避免产生抗性。

2. 煤污病

病部覆盖一层煤烟状物。

紫薇煤污病

桂花煤污病

煤污病防治措施：

（1）病害发生初期，及时剪除感病枝叶，消灭侵染源。

（2）喷杀虫剂消灭蚜虫和蚧虫，减少病菌营养来源。

（3）冬季用 3 ～ 5 波美度石硫合剂喷洒防治，生长季节用等量式 100 倍波尔多液或代森锰锌进行防治。

（4）注意通风透光。

3. 锈病

病部产生锈黄色粉状物或内含黄粉的疱状物或毛状物。以圆柏锈病为例。

【分布为害】圆柏又名桧柏，在我国华北、华东、中南地区和东北、西北和西南地区的部分地方均有分布或栽培，由胶锈菌属（*Gymnosporangium*）几种锈菌引起的锈病是圆柏最常见的病害。几乎凡有圆柏栽培的地方，只要同时有转主寄主存在，就有可能发病，圆柏锈病有圆柏梨锈病、圆柏苹果锈病和圆柏石楠锈病 3 种。3 种圆柏锈病冬孢子堆阶段在中国只为害圆柏及其变种或栽培种如龙柏、塔柏、偃柏等。以圆柏和龙柏感病较重。圆柏梨锈病的转主寄主除梨属多种果树外，尚有木瓜、贴梗海棠、日本海棠、山楂、山林果、榅桲

梨锈病在桧柏上越冬

等。圆柏苹果锈病的转主寄主除苹果外，尚有多种苹果属的其他树木如花红、山荆子、海棠花、三叶海棠等。圆柏石楠锈病的转主寄主为石楠属植物如小叶石楠、毛叶石楠等。这些转主寄主大多是重要的果树或观赏树木。它们感病后常在春夏大量落叶，造成重大经济损失或严重影响观赏价值。

【症状】圆柏梨锈病发生在圆柏的刺状叶、绿色小枝或木质小枝上。在叶上多生于叶面，冬季出现黄色小点，继而略为隆起。早春，咖啡色冬孢子堆突破表皮生出。受害木质小枝常略肿大呈梭形，小枝上冬孢子堆常多数聚集。冬孢子堆成熟后，遇水浸润即膨胀成橘黄色胶质物如花瓣状。树上冬孢子堆多时，雨后如黄花盛开。在转主寄主梨属植物上主要为害叶片。病叶上初产生多数橙黄色小斑点，后扩大成近圆形病斑，直径 4 ~ 8mm，中部橙黄色，边缘淡黄色，病组织肥厚向背面隆起。后病斑正面生许多蜜黄色小点，终变黑色，即病菌的性孢子器。约半月后，病斑背面产生许多黄白色毛状物，即病菌的管状锈孢子器。叶柄、幼果和果柄有时也受侵，病部肥肿，也产生性孢子器和锈孢子器。

梨锈病叶片为害状

梨树枝条上的锈菌

圆柏苹果锈病为害圆柏的木质小枝。小枝受害处肿大成半球形或球形小瘤，直径一般为 3 ~ 5mm。但也有大至 15mm 的，可能是多年生的活瘤。春季在瘤上产生暗褐色至紫褐色冬孢子堆，遇雨胶化成橘黄色花瓣状。转主寄主苹果上的症状与梨锈病相似，但病斑边缘为暗红色。

圆柏石楠锈病为害圆柏的较大木质枝条。受害枝条稍肿大成长梭形，冬孢子堆突破表皮生出，肉桂色，常互相纵向连接成一长列。转主寄主石楠属植物上的症状与梨锈病相似。

【病原】胶锈属锈菌除极少数例外，其冬孢子堆阶段寄生在柏科植物上，性孢子器和锈孢子器阶段寄生在蔷薇科植物上。它们都缺少夏孢子堆阶段。

圆柏梨锈病的病原菌是梨胶锈菌（*Gymnosporangium asiaticum* Miyabe et Yamada）。冬孢子堆圆锥形或扁楔形，咖啡色，高 2 ~ 5mm，基部宽 1 ~ 3mm，上部 0.5 ~ 2mm。冬孢子椭圆至长椭圆形，黄褐色，双细胞，分隔处不缢束，（33 ~ 62）μm×（14 ~ 28）μm(叶上)，（35 ~ 75）μm×（15 ~ 24）μm(绿枝上)，（37 ~ 60）μm×（18 ~ 25）μm(木枝上)，每细胞具 2 个芽孔，位于近分隔处，有时顶部也有一芽孔。柄无色，极长。性孢子器瓶状，性孢子单胞，无色，（8 ~ 12）μm×（3 ~ 3.5）μm。锈孢子器管状，长 5 ~ 6mm，直径 0.2 ~ 0.5mm。锈孢子橙黄色，近球形，（18 ~ 20）μm×（19 ~ 24）μm。

圆柏苹果锈病的病原菌是山田胶锈菌 (*G.yamadai* Miyabe), 圆柏石楠锈病的病原菌是日本胶锈菌 (*G.japonicum* Syd.)。

【发生规律】据在安徽和江苏的观察，2–3 月，圆柏上出现冬孢子堆，到 3 月下旬起，先后成熟。此时如遇雨天，成熟的冬孢子堆即可胶化，同时冬孢子萌发产生担孢子。担孢子随风传播，直接侵入或自气孔侵入转主寄主的幼叶。叶龄超过 20 天即很少受侵。潜育期约 10 天。自性孢子器出现至产生锈孢子器约需 1 个月，5 月下旬至 6 月上旬为锈孢子释放盛期。锈孢子随风传播，侵染圆柏。

【防治】

1. 在苹果或梨园周围 2.5 ~ 5km 范围内不栽植圆柏及其变种，在圆柏、龙柏等树种栽培多的地区，不宜普遍栽植棠梨、木瓜，海棠花等观赏植物，即可避免发生锈病。

2. 在冬孢子堆成熟前或放叶期喷施波尔多液，也可喷 3 ~ 5 波美度石硫合剂或 0.3% 五氯酚钠可抑制冬孢子萌发。在苹果、梨等转主寄主放叶期也可喷波尔多液、代森锌、萎锈灵等杀菌剂保护幼叶。

4. 圆柏—海棠锈病

【分布为害】该病是园林景区各种海棠以及其他仁果类观赏植物上的常见病害。英国、美国、日本、朝鲜等国均有报道。我国该病发生相当普遍。使海棠叶片上布满病斑，严重时叶片枯黄早落。同时为害圆柏属、柏属中的树木，针叶及小枝枯死，使树冠稀疏，影响园林景区的观赏效果。

【症状】锈病主要为害海棠叶片，也能为害叶柄、嫩枝和果实。叶面最初出现黄绿色小点，扩大后呈橙黄色或橙红色有光泽的圆形小病斑，边缘有黄绿色晕圈。病斑上着生针头大小橙黄色的小点粒，后期变为黑色。病组织肥厚，略向叶背隆起，其上有许多黄白色毛状物，最后病斑变成黑褐色，枯死。叶柄、果实上的病斑明显隆起，果实畸形，多呈纺锤形；嫩梢感病时病斑凹陷，易从病部折断。桧柏等植物被侵染后，针对和小枝上形成大小不等的褐黄色瘤状物，雨后瘤状物 ( 菌瘿 ) 吸水变为黄色胶状物，远视犹如小黄花，受害的针叶和小枝一般生长衰弱，严重时可枯死。

圆柏 – 海棠锈病

【病原】海棠锈病的病原菌有梨胶锈菌和山田锈菌（*Gymnosporangium*

*yamadai*）两种。梨胶锈菌（*Gymnosporangium asiaticum* Miyabe et Yamada），异名为（*G.haraeanum* Syd.），属担子菌亚门冬孢菌纲锈菌目胶锈菌属。两种锈菌都是转主寄生，为害海棠类及桧柏类植物。

【发生规律】病原菌以菌丝体在针叶树寄主体内越冬，可存活多年。翌年 3–4 月冬孢子成熟，菌瘿吸水涨大、开裂，冬孢子形成的物候期是柳树发芽、山桃开花的时候。当时旬平均温度为 8.2 ~ 8.3℃，日平均温度为 10.6 ~ 11.6℃，当又有适宜的降水量时，冬孢子开始萌发，在适宜的温湿度条件下，冬孢子萌发 5 ~ 6 小时后即产生大量的担孢子。据报道，在四川贴梗海棠上该病的潜育期为 12 ~ 18 天，垂丝海棠上则为 14 天。在贴梗海棠上，3 月下旬产性孢子器和性孢子，4 月上旬产生锈孢子器，下旬产生锈孢子。在北京地区，4 月下旬贴梗海棠上产生橘黄色病斑，5 月上旬出现性孢子器，5 月下旬产生锈孢子器。6 月为发病高峰期。性孢子由风雨和昆虫传播，2 ~ 3 周后锈孢子器出现，8–9 月锈孢子成熟，由风传播到桧柏等针叶树上，因该锈菌没有夏孢子，故生长季节没有再侵染。该菌除了侵染桧柏外，还侵染圆柏、龙柏、沙地柏、刺柏、铅笔柏、柱柏、翠柏等针叶树种。寄主种类虽然多，但各阶段所表现的症状基本相同。该病的发生、流行和气候条件密切相关。春季多雨而气温低，或早春干旱少雨发病则轻；春季多雨，气温偏高则发病重。如北京地区，病害发生的迟早、轻重取决于 4 月中下旬和 5 月上旬的降水量和次数。该病的发生与寄主物候期的关系：若担孢子飞散高峰期与寄主大量展叶期相吻合，病害发生则重。

【防治】

（1）避免将海棠、松柏种在一起。园林风景区内，注意海棠种植区周围，尽量避免种植桧柏等转主植物，减少发病。如景观需要配植桧柏时，则以药剂防治为主来控制该病发生。

（2）春季当针叶树上的菌瘿开裂，即柳树发芽、桃树开花时，降水量为 4 ~ 10mm 时，应立即往针叶树上喷洒药剂 1：2 ：100 倍波尔多液或 0.5 ~ 0.8 波美度的石硫合剂。在担孢子飞散高峰，降水量为 10 mm 以上时，向海棠等阔叶树上喷洒 1% 石灰倍量式波尔多液或 25% 三唑酮可湿性粉剂 1 500 ~ 2 000 倍液。秋季 8–9 月锈孢子成熟时，往海棠上喷洒 65% 代森锌可湿性粉剂 500 倍液或三唑酮。

（3）海棠发病初期，喷 15% 三唑酮可湿性粉剂 1 500 倍液或 1 ∶1 ∶200 倍波尔多液，控制病害发生。

5. 紫荆叶枯病

【分布为害】上海、杭州、唐山、苏州、重庆、长沙、福州。

【症状】主要为害叶片；初病斑红褐色圆形，多在叶片边缘，连片并扩展成不规则形大斑，至大半或整个叶片呈红褐色枯死。老的发病部位产生黑色小点。

紫荆叶枯病

【病原】由紫荆生叶点霉菌（*Phyllosticta cercidicola*）侵染所致。病菌以菌丝或分生孢子器在落地叶上越冬。

【发病规律】植株过密，易发此病。一般在 6 月开始发病。

【防治】

（1）秋季清除落地病叶，集中烧毁。

（2）展叶后用 50% 多菌灵 800 ~ 1 000 倍液，或用 50% 甲基硫菌灵 500 ~ 1 000 倍液喷雾，10 ~ 15 天喷 1 次，连喷 2 ~ 3 次。

6. 大叶黄杨炭疽病

【分布为害】各栽培区均有发生。

【症状】发病初期叶片出现水渍状黄褐色小点，病健交界不明显，以后病斑扩大，后期发病部位发黄，病斑上出现小黑点（即分生孢子盘），排列成明显或不明显的轮纹状，常常造成叶枯，提早落叶。

【病原】病原为半知菌亚门腔孢纲黑盘孢目黑盘孢科黑盘孢属（*Gloeosporium frigidum* Sacc.）。

【发病规律】以分生孢子盘在病残体及土壤中越冬，也可以以分生孢子和菌丝体在植株病组织上越冬。翌年春末分生孢子借昆虫和风雨传播，分生孢子从气孔或伤口侵入，黄杨生长期可受到多次重复侵染，每年以夏秋季节发病最重。一般在植株伤口较多、植株过密、通风不良、氮肥施过量、植株生长细弱的情况下病情加重。

大叶黄杨炭疽病

【防治】

（1）园艺措施。合理密植，注意通风透气；科学施肥，增施磷钾肥，提高植株抗病力；适时灌溉，雨后及时排水，防止湿气滞留；及时剪除病枝叶，集中销毁，减少侵染源。通过修剪调整枝叶疏密度，降低环境湿度。

（2）药剂防治。用1%波尔多液对树体和地面进行消毒。从6–7月开始，喷洒50%代森锌可湿性粉剂500 ~ 600倍液预防；发病期喷70%炭疽福美500倍液，70%代森锰锌600倍液，或用75%百菌清700倍液或1∶1∶200倍波尔多液，隔10 ~ 15天喷1次，喷3 ~ 4次。

7. 梅花轮斑穿孔病

【分布为害】栽培区发生，使梅花叶片产生病斑，最后病健交界处产生裂纹，形成穿孔。

【症状】主要为害叶片。初在叶上近叶脉处产生淡褐色水渍状小斑点，病斑周围有水渍状黄色晕坏。最后病健交界处产生裂纹，而形成穿孔，孔的边缘不整齐。

【病原】*Xanthomona campestris*（Smith）Dovosen, 称黄色单胞菌属甘蓝黑腐黄单胞菌，属细菌。菌体短杆状，大小（0.3~0.8）μm×（0.8~1.1）μm，两端圆，极生单鞭毛，无芽孢，有荚膜，革兰氏染色阴性。病菌发育适温 24 ~ 28℃，最高 38℃，最低 7℃，致死温度 51℃。病菌在干燥条件下可存活 10 ~ 13 天，在枝条溃疡组织内，可存活 1 年以上。

梅花轮斑穿孔病

【发生规律】病菌在被害枝条组织中越冬，翌春病组织内细菌开始活动，梅花开花前后，病菌从病组织中溢出，借风雨或昆虫传播，从叶片的气孔、枝条的芽痕侵入，潜育期 7 ~ 14 天。春季溃疡斑易干燥，外围的健全组织很容易愈合，所以，溃疡斑中的病菌在干燥条件下以 10 ~ 13 天即死亡。气温 19 ~ 28℃，相对湿度 70% ~ 90% 利于发病。该病一般于 5 月间出现，7—8 月发病严重。

该病的发生与气候、树势、管理水平及品种有关。温度适宜，雨水频繁或多雾、重雾季节利于病菌繁殖和侵染，发病重。大暴雨时细菌易被冲到地面，不利其繁殖和侵染。一般年份在春秋雨季病情扩展较快，夏季干旱月份扩展缓慢。该病的潜育期与温度有关：温度 25 ~ 26℃潜育期 4 ~ 5 天，20℃ 9 天，19℃ 16 天。树势强发病轻且晚，树势弱发病早且重。

【防治】

（1）加强管理，增强树势。注意排水，增施有机肥，避免偏施氮肥，合理修剪，使梅园通风透光，以增强树势，提高树体抗病力。

（2）清除越冬菌源。结合冬季修剪，剪除病枝，清除落叶，集中烧毁。

（3）喷药保护。发芽前喷波美 5 度石硫合剂或 45% 晶体石硫合剂 30 倍液或 1 ：1 ：100 倍波尔多液，发芽后喷 72% 农用链霉素可

溶性粉剂 3 000 倍液或硫酸链霉素 4 000 倍液或机油乳剂：代森锰锌：水 =10：1：500，除对细菌性穿孔病有效外，还可防治蚜虫、介壳虫、叶螨等。

8. 生理性缺素症的特征

（1）缺氮症状。发育不良，植株矮小，叶色均匀失绿、花小色淡和组织坏死。植物缺氮时老叶先表现症状；强酸性或缺乏有机质的土壤易发。

植株缺氮症状

（2）缺磷症状。生长停滞，形态苍老。茎纤弱、节间缩短，叶小枝少，根系发育不良。叶片变深绿色、灰暗无光泽，具有紫色素，最后枯死脱落。植物缺磷时老叶先表现症状；生荒土或黏重板结的土壤易发。

苹果缺磷症状（叶生长不良）

桃树缺磷症状

（3）缺钾症状。叶片脉间常出现棕色坏死斑点，叶片不正常皱缩，叶缘黄化、卷曲、焦枯、碎裂，褐根多。植物缺钾时老叶先表现症状，先叶缘，后脉间。

（4）缺铁症状。叶片脉间失绿，呈清晰的网纹状，叶脉保持绿色，严重时整个叶片（幼叶）呈淡黄白色，并出现枯斑，严重时枯焦死亡。植物缺铁时幼叶先表现症状；碱性土壤易发。

玉兰缺铁症状

万寿菊缺镁症状叶脉间变紫色

（5）缺镁症状。同缺铁症状相似，叶片脉间失绿黄化，从植株下部叶片开始褪绿、斑点状黄化，逐渐向上部叶片蔓延。叶片有时呈紫色坏死斑点。植物缺镁时老叶先表现症状；土壤酸性强、土壤含钙量高或施钾肥太多。

（6）缺钙症状。植株生长点受抑制坏死。顶芽及幼嫩叶片的叶尖和叶缘坏死，嫩叶扭曲。根尖也会停止生长、变色和死亡，根系多而短。植物缺钙时幼叶先表现症状；酸性较强的土壤、氮素过多的土壤易发。

植株缺钙症状（顶梢坏死或新叶卷曲）

（7）缺锰症状。叶片脉间失绿成枯黄色，叶片网状发黄，叶缘及叶尖向下卷曲，并在叶片上形成小的坏死斑，花呈紫色。植物缺锰时幼叶先表现症状；中性或碱性土易发。

葡萄缺锰症状

柑橘缺锰症状（叶脉仍绿色，叶脉间黄色）

（8）缺锌症状。新枝节间缩短，叶小簇生，叶面两侧出现斑点，植株矮小，节间缩短，生育期推迟。植物缺锌时幼叶先表现症状。石灰性土壤和经常施用石灰的酸性土壤、含磷高或施用大量的氮和磷的土壤易发。

苹果缺锌症状（小叶病）

9. 丛枝

顶芽生长受抑制，侧芽、腋芽迅速生长或不定芽大量发生，发育成小枝，由于小枝多次分支，叶片变小，节间变短，枝叶密集，形成扫帚状。以泡桐为例进行介绍。

【分布为害】泡桐丛枝病又名泡桐扫帚病，分布极广，为害泡桐的树枝、干、根、花、果。一旦染病，在全株各个部位均可表现出受害症状。染病的幼苗、幼树常于当年枯死，大树感病后，常引起树势衰退，材积生长量大幅度下降，甚至死亡。

丛枝病（左：竹子；右：泡桐）

【症状】常见的丛枝病有两种类型。一是丛枝型。发病开始时，个别枝条上大量萌发腋芽和不定芽，抽生很多的小枝，小枝上又抽生小枝，抽生的小枝细弱，节间变短，叶序混乱，病叶黄化，至秋季簇生成团，呈扫帚状，冬季小枝不脱落，发病的当年或翌年小枝枯死，若大部分枝条枯死会引起全株枯死。二是花变枝叶型。花瓣变成小叶状，花蕊形成小枝，小枝腋芽继续抽生形成丛枝，花萼明显变薄，色淡无毛，花托分裂，花蕾变形，有越冬开花现象。

【病原】泡桐丛枝病是由一种比病毒大的微生物——类菌原体（Mycoplsma like organism，MLO）引起的。

【发生规律】该病主要通过茎、根、病苗传播。在自然情况下，也可由烟草盲蝽、茶翅蝽在取食过程中传播。

【防治】

（1）加强预防。培育无病苗木，严格挑选无病的根条育苗，且严格消毒。方法是将根条晾晒 1 ~ 2 天后，放入 500 ~ 1 000 单位的四环素水溶液中浸 6 ~ 10 小时，再进行育苗。

（2）尽量选用抗病良种造林，一般认为白花泡桐、毛泡桐、兰考泡桐抗病能力较强；山明泡桐和楸叶泡桐抗病能力较差。

（3）加强管理。在生长季节不要损坏树根、树皮和枝条，初发病的枝条，病芽应及早修除。挖除重病苗木和幼树。秋季发病停止后，树液回流前修除病枝。改善水肥条件，增施磷肥，少施钾肥。据观察，土壤中磷含量越高，丛枝病发生越轻；钾含量越高，发病越重，而且发病轻重与磷、钾比值成反相关。其比值在 0.5 以上很少发生丛枝病。

（4）药物治疗。用兽用注射器，把每毫升含有 10 000 单位的盐酸四环素药液，或土霉素、5% 硼酸钠溶液，注入病苗主干距地面 10 ~ 20cm 处的髓心内，每株注入 30 ~ 50ml。两周后可见效，注药时间在 5 — 7 月。也可直接对病株叶面每天喷 200 单位的四环素药液，连续 5 ~ 6 次，半个月之后效果显著。将石硫合剂残渣埋在病株根部土中并用 0.3 波美度石硫合剂喷病株，能抑制丛枝病的发展。

10. 桃树流胶病

【分布为害】桃树流胶病又称树脂病，病因复杂，几乎每个桃园都有发生。该病在桃树枝梢任何部位都可发生，是一种极为普遍的病害，造成树势衰弱，果品质量下降，重者会引起死枝、死树。除桃树外，其他核果类如杏、李、樱桃等也会发生流胶病。

【症状】由侵染性病原导致的流胶病发生在根颈、主干、枝杈等部位。开始发病时，枝干部位出现肿胀，然后流出淡黄色透明树脂，尤其雨后流胶现象更为严重。随着时间推移，冻状胶体颜色逐渐变成淡红褐色、棕褐色。如果天气干燥，胶状物转变成茶褐色坚硬胶块呈结晶状，黏附于枝干表皮。

桃树细菌侵染性流胶病

非侵染性引起的流胶，系由机械、虫伤、日灼等引起的伤口流胶，开始为白色透明胶状，然后胶状颜色逐渐变成褐红色，遇适温、高湿时，胶状呈喷发状堆积在伤口表面，主要发生部位为机械伤和虫伤和人为损伤处等。被害桃树树势衰弱，叶片变小变黄，病部容易被腐生菌感染，使木质腐烂。果实流胶，影响发育，失去食用价值。

桃树非侵染性流胶病

【病原】由于寄生性真菌及细菌的为害，如干腐病、腐烂病、炭疽病、疮痂病、细菌性穿孔病和真菌性穿孔病等，这些病害或寄生枝干，或危及叶片，使病株生长衰弱，降低抗性；虫害，特别是蛀干害虫所造成的伤口易诱发流胶病；机械损伤造成的伤口以及冻害、日灼伤等，生长期修剪过度及重整枝；接穗不良及使用不亲和的砧木。土壤不良，如过于黏重以及酸性大等；排水不良，灌溉不适当，地面积水过多等。

【发病规律】一般 4 — 10 月，温度 15℃以上就开始发生，25℃左右的中温雨后湿度大时就有可能暴发。树龄大的桃树流胶严重，幼龄树发病轻。果实流胶与虫害有关，蝽象为害易使果实流胶病发生。黏壤土、瘦瘠土壤和酸碱过重的果园容易出现流胶病。

【防治】

（1）加强管理，增强树势，夏季全园覆盖，减少流胶病发生。增施有机肥，提高土壤通气性能。低洼积水地注意排水，酸碱土壤应适当施用石灰或过磷酸钙。改良土壤，盐碱地要注意排盐。合理修剪，减少枝干伤口。对已发生流胶病的树，小枝可以通过修剪除去，枝干上的流胶要刮除干净，在伤口处用 4 ~ 5 波美度的石硫合剂消毒，在少雨天气，亦可用医用紫药水涂抹流胶部位及伤口，隔 10 天再涂一次效果更显著。

（2）生长期修剪改为冬眠修剪，减少流胶病发生。

（3）主干刷白，减少流胶病发生。冬夏季节进行两次主干刷白，防止流胶病发生。第一次刷白于桃树落叶后进行，用 5 波美度石硫合剂 + 新鲜牛粪 + 新鲜石灰，涂刷主干，或用巴德粉调配桐油，刷于桃树主干和主枝，减少病虫侵染和辐射热为害，可有效地减少流胶病发生。

（4）及时防治虫害，减少流胶病的发生。

（5）如果是细菌性病原引起的流胶，用农用链霉素或 20% 噻枯唑可湿性粉剂等进行喷施和涂刷主干。如果是真菌性病原引起的流胶，可用抗菌剂 401、多菌灵、甲基硫菌灵、异菌脲等喷施或涂刷主干，涂刷主干的浓度比喷施树冠的浓度可以相对提高。主干涂刷之前，用竹片把流胶部位的胶状物刮除干净后，再涂刷药液，或用废旧干净棉布剪成条状浸透药液后包于患处，然后用 10cm 宽薄膜包扎，具有较好的防治效果。药剂防治可用 50% 甲基硫菌灵超微可湿性粉剂 1 000 倍液或 50% 多菌灵可湿性粉剂 800 倍液、50% 异菌脲可湿性粉剂 1 500 倍液或 50% 腐霉利可湿性粉剂 2 000 倍液，防效较好。

## 11. 黄山栾树裂皮病

【分布为害】黄山栾树裂皮病是中原地区近年发生的一种新病害，2013年在驻马店由市园林绿化科研所朱亚菲同志首次发现，经过病原菌分离，确认了该病。在济南、宁波已有发生并报道，分布于长江流域以南及西南诸省及华北地区。发病时引起栾树严重裂皮，病害发生后期，主干树皮和韧皮部大量开裂、龟裂、变褐，随后大块脱落，裸露的木质部也变为褐色，病害严重的树木，春季新梢发生少、夏季叶片萎蔫，发病严重时树木枯死。

【症状】发病树主干树皮和韧皮部大量开裂、变褐色，以后大块脱落，裸露的木质部也变褐色。树龄10～15年，胸径15～20cm的大树，经过"截干"已经移植成活多年的黄山栾树发生裂皮病严重。树皮、韧皮部的开裂常从伤口处开始，特别是移植时的"截干"处理(移植前裁去全部枝条，只留大约3m的主干和根部)造成的巨大伤口。病害严重的树木，新梢发生少、夏季叶子萎蔫，以后树木枯死。枯死病树根部仍具有一定活力，主干横切面上出现淡褐色大面积病斑，并有深褐色环线。

a. 截干处及主干上的症状

b. 主干中部树皮大量开裂

c. 主干下部裸露变褐色的木质部

黄山栾树裂皮病症状

【病原】黄山栾树裂皮病为真菌性病害，病原为可可毛色二孢菌（*Lasiodiplodia theobromae*），有性阶段为葡萄座腔菌（*Botryosphaeria thodina*），属半知菌亚门。病菌主要通过伤口侵入，该病的发生和为害程度同移植时造成的伤口有关，特别是大树移栽时的“截干”。病菌在 PDA 平板上的菌落呈圆形或近圆形。菌落边缘不整齐，初期灰白色，后转墨绿色或黑色。菌丝发达，绒毛状、有分隔、不规则分支，有厚垣孢子状的膨大菌丝细胞。经研究，将黄山栾树裂皮病原菌鉴定为可可毛色二孢菌。黄山栾树裂皮病病部裸露木质部变褐色，主干横切面上有淡褐色大面积病斑等症状同多主枝黑心菌为害柿、板栗、茶等，并使木质部分变黑枯死相似。

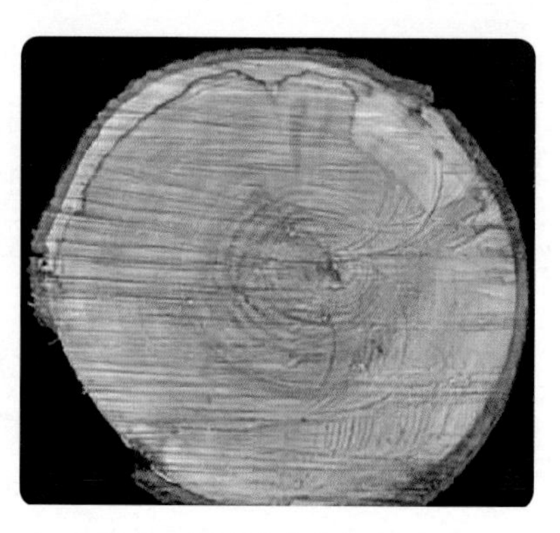

黄山栾裂皮病主干切面病斑

【发病规律】病菌在病株上或随病残体越冬，条件适宜时在这些组织上产生分生孢子器和分生孢子，借风雨传播。

【防治】

（1）加强管理，减少伤口。加强肥水管理，及时疏剪掉弱枝和过密枝，以增强树势，减少发病黄山栾树裂皮病的发生和为害程度同移植时造成的伤口，特别是“截干”造成的大伤口有关，故在移植黄山栾树时尽量用少“截冠”或者不“截冠”的方法移植，并对伤口喷、涂具有保护和内吸作用的杀菌剂。

（2）及时发现，立即防治。冬季或早春全株可喷 3 ~ 5 波美度的石硫合剂，防止病菌侵染。在发病初期对整个植株均匀喷药，药剂可选用 40%百菌清悬浮剂 400 倍液、50%苯菌灵可湿性粉剂 1 000 倍液、64%杀毒矾可湿性粉剂 500 倍液、50%施保功可湿性粉剂 1 000 倍液、50%氯溴异氰脲酸水溶性粉剂 1 000 倍液。对于轻微发病的树体刮除病斑及表面粗皮或在病斑上割成纵横相间约 0.5cm 的刀痕，深达木质部，用石硫合剂或 30 ~ 50 倍液福美胂或 50 ~ 100 倍液靓果安 + 渗透剂有机硅涂抹。

（3）发病期，喷 45% 代森铵水剂 400 倍液 500 ~ 800 倍液，0.8% 噻霉酮 200 ~ 250 倍液。重病株可在早春、夏末用上述药剂涂刷病斑。

（4）加强对发病植株附近健康植株的观察，如有叶色、叶形、树干出现异常及时进行诊治。

12. 合欢枯萎病

【分布为害】合欢枯萎病又名干枯病，是合欢的一种毁灭性病害。国内在北京、南京、济南、中原地区等地的苗圃、绿地、公园、庭院等处均有发生。国外在美国马里兰州、佛罗里达州、路易斯安那州有流行报道。发病严重时，造成大量树木枯萎死亡。

合欢枯萎病发病初期症状

【症状】合欢枯萎病为系统性传染病，该病可流行成灾。该病在幼树、大树均可发生，从干径 2.5cm 起粗的树到大树都能为害。1 年生苗发病少，3 ~ 5 年生树发病多而严重，生长势弱的植株发病多，发病速度快，易枯死。幼苗染病叶片变黄，根茎基部变软，易猝倒，最后全株枯死。大树染病，先从 1 ~ 2 个枝条出现症状，病枝上的叶片萎蔫下垂，叶色呈淡绿色或淡黄色，后期干枯脱落，随后部分枝条开始干枯，逐步扩展到整株，至死亡。夏末秋初，感病树干或枝的皮孔肿胀破裂，其中产生分生孢子座及大量粉色粉末状分生孢子，由枝、干伤口侵入。病斑一般呈梭形，黑褐色，下陷。发病初期病皮含水多，后期变干，病菌分生孢子座突破皮缝，出现成堆的粉色分生孢子堆。截开主干断面，可见一整圈变色环，树根部断面呈褐色或黑褐色。挖开土壤，与病枝同方位的根皮层变褐腐烂。在

合欢枯萎病严重发病症状

空气湿度很高或多雨的条件下，病树的树皮上出现白色或粉红色的霉层，此为病原菌的营养体及繁殖体。有时合欢根系完好，但枝干剪口处已枯死，也是该病的一种表现。

【病原】病原为尖孢镰刀菌的一个变型(*Fusarium oxysporum* f.sp. perniciosum)，属半知菌亚门丝孢纲瘤痤孢目镰刀菌属真菌。

合欢枯萎病树冠表现症状

【发病规律】病原菌以菌丝体在病株上或随病残体在土壤里过冬，翌年春季，产生分生孢子，分生孢子由地下根直接侵入或通过伤口侵入，引起植株枯死。从根部侵入的病菌自根部导管向上蔓延至干部和枝条的导管，造成枝条枯萎。从枝、干伤口侵入的病菌，初期使树皮呈水渍状坏死，以后干枯下陷。发病严重时，造成黄叶、枯叶，根皮、树皮腐烂，以致整株死亡。高温、高湿有利于病原菌的增殖和侵染。暴雨、灌溉有利于病原菌的扩散。虽然高温、高湿有利于病害的扩展，但缺水和干旱也将促进病害的发生。生长势较弱的合欢树，从出现症状到全株枯死，仅需 5 ~ 7 天。生长势较好的树发病，也表现出局部枝条枯死，速度比较缓慢。合欢的整个生长季均能发生，5 月出现症状，6 — 8 月为发病盛期，病害可一直延续到 10 月。合欢枯萎病受气候条件、土质和地势、栽培环境及栽植管理的影响。高湿、多雨季节发病严重；土质黏重、地势低洼、排水不良，积水地易发病；在草坪中种植的合欢，易受草坪中镰刀菌根腐病病原的交叉感染，发病较多；移栽或修剪等管理过程中造成的伤口，会增

加镰刀菌侵染机会，使植株发病；管理过程中，忽干忽湿，缺肥少水，大水漫灌，排水不及时等均会影响植株生长，降低抗病力而加重发病。

合欢枯萎病人工涂药防治

【防治】

合欢枯萎病是目前发生普遍而比较严重且难以治愈的主要病害，在防治中建议贯彻治标和治本的原则。

（1）治标：减少侵染来源，及时清除病枝、病株，集中彻底销毁，并用20%石灰水消毒土壤；对未完全枯死的枝条进行施药治疗，促使其露出新芽。

（2）治本：对已感染的植株树冠投影下的土壤进行消毒，彻底消灭感染病原。具体防治措施如下。

①选择抗病性强的品种，如浅色花的驰闻、深红色花的夏洛特等，在种植形式上，最好采取单株或几株点缀种植于绿化带、花园、庭院，不宜大面积或在街道上做行道树，因为街道土壤坚实，排水不良。

②做好合欢幼苗的病虫害预防。当幼苗长出2～3片真叶时，喷1次乙酰甲胺磷2 000倍液，防止害虫为害幼苗，以后定时定量在叶面上喷洒叶面肥，提高苗木抗病能力。

③选择适宜生长的栽植地。以土壤疏松、排水条件较好的地方种植，切忌低洼积水。

④减少伤口。在日常养护管理中，尽量少剪枝，剪口要适当涂抹保护剂。移栽时，以移栽小苗为宜，因大树移栽中的伤根多，为病原侵染提供了可乘之机；大树移栽时，减少起苗与运输、定植时间，栽前对根部进行杀菌消毒，可喷洒40%多菌灵可湿性粉剂500倍液，或用65%代森锌可湿性粉剂500倍液；移栽时，可用10%硫酸铜溶

液蘸根处理，也可同时喷施生根粉等生长调节剂，以促进根系萌发生长。对于已截过的枝干断面，涂抹保护剂，通过绑草加以保护，防治病菌侵入。栽后加强管理，立即灌透水，促进伤口及时愈合，在日常浇水、施肥等管理过程中尽量减少创伤口。旱时浇水，雨后排涝，定期施肥，增强植株长势，提高抗病能力。

⑤减少菌源感染。合欢树尽量不在草坪中栽植，因草坪携带菌源对合欢会造成交叉感染；对栽入草坪中的合欢树，要清除树四周的草坪及杂草。在移栽前，尽量提前挖坑，高温晾晒，用 40% 五氯硝基苯处理栽植坑土，尤其是对枯萎病高发区，必须进行土壤灭菌处理。

⑥药剂处理。对症状轻微的病株，在更换土壤的同时结合药剂处理进行控制。可采用 70% 甲基硫菌灵可湿性粉剂、60% 多·福可湿性粉剂 100 倍液喷洒树干或涂抹树干涂药治疗；或使用 14.5% 多效灵水溶性粉剂、40% 五氯硝基苯粉剂 300 倍液，以及抗枯宁、甲基硫菌灵、多菌灵等农药常规浓度浇灌土壤，每 8 天左右灌 1 次，连续 3 ~ 4 次可有效遏制病情扩展，并使植株逐步恢复；而使用 70% 甲基硫菌灵可湿性粉剂 300 倍液，通过输液的方式输入植株内，可提高疗效。在采取以上措施的同时，对树穴及周围相邻土壤浇灌 40% 福美胂 50 倍液、40% 五氯硝基苯粉剂 300 倍液，进行消毒，防止病菌蔓延。

⑦将已严重枯萎植株拔除并烧毁，防止病菌扩散侵染；对已有轻微枯萎症状植株，树冠部喷 2 次 23% 络氨铜水剂 250 ~ 300 倍液；根部（树冠投影下）可采用 50% 多菌灵 500 倍液和 2.5% 咯菌腈悬浮剂 800 倍液交替灌根，每周 1 次，连续灌根 4 次。

13. 柳树溃疡病

【分布为害】又名水泡型溃疡病，华北、东北等地区普遍发生。苗圃、公园、绿地和行道树木都有发生，主要为害新疆杨、毛白杨、加杨、北京杨、柳等树木的树皮，新移栽的树木更为严重，能造成大批树木枯死。

柳树溃疡病

【症状】树干的中下部首先感病，受害部树皮长出水泡状褐色圆斑，用手压会有褐色臭水流出，后病斑呈深褐色凹陷，病部上散生许多小黑点，为病菌的分生孢子器，后病斑周围隆起，形成愈伤组织，中间裂开，呈溃疡症状。老病斑处出现粗黑点，为子座及子囊腔。还可表现为枯梢型，初期枝干先出现红褐色小斑，病斑迅速包围主干，使上部梢头枯死。

【病原】病原为茶藨子葡萄座腔菌［*Botryosphaeria ribis* (Tode) Gross et Duss］，属子囊菌亚门子囊菌目。无性世代为聚生小穴壳菌［*Dothiorella gregaria* Sacc.］，属半知菌亚门球壳孢目，分生孢子器一至数个聚生于黑色子座内，近圆形，有明显孔口。

【发生规律】3 月下旬气温回升病菌开始发病，4 月中旬至 5 月上旬为发病盛期，5 月中旬至 6 月初气温升至 26℃基本停止发病，8 月下旬当气温降低时病害会再次出现，10 月病害又有发展。病菌孢子成活期长达 2 ~ 3 个月，萌发温度为 13 ~ 38℃，可全年为害。该病可侵染树干、根茎和大树枝条，但主要为害树干的中部和下部。病菌潜伏于寄主体内，使病部出现溃疡状。天气干旱时，寄主会表现出症状。皮膨胀度大于 80% 时不易感染溃疡病，小于 75% 时易感染溃疡病，且发病严重。该菌的生长适温为 25 ~ 30℃，pH 值为 3.5 ~ 9，其中以 pH 值为 6 时生长发育良好。病害发生与树木生长事关密切。植株长势弱易感染病害，新造幼林以及干旱瘠薄、水分供应不足的林地容易发病。在起苗、运输、栽植等生产过程中，苗木伤口多有利于病害发生。

【防治】

（1）选择抗病健壮苗木种植，起苗时尽量避免伤根，运输假植时保持水分，避免受伤。

（2）加强栽培管理。定植前用 ABT3 号生根粉溶液蘸根，浇足底水，定植后对幼树干部喷施 5406 细胞分裂素 1 000 倍液。秋季造林有利于根系的恢复和春季发根，可减轻病害。

（3）春季在树干下部涂上白涂剂，用 0.5 波美度石硫合剂，或用 1 ∶ 1 ∶ 160 波尔多液喷干，降低发病率。

14. 海棠腐烂病

【分布为害】又名烂皮病。分布于东北、华北、西北等地。为公园、绿地、庭院里海棠树的一种主要病害。对海棠苗为害极大，特别是西府海棠、北美海棠、垂丝海棠、金星海棠等。

【症状】多发生于老龄树的主干基部及枝杈部位。染病的树皮初期呈红褐色，略微隆起，病斑组织松软，水渍状，流出黄褐色黏液；后病斑扩大，失水而干枯下陷，黑褐色，病斑上着生黑色子囊壳，使植株长势衰弱，甚至死亡。主枝上发病，病斑下松软，表面红褐色。

海棠腐烂病

【病原】病原为苹果黑腐皮壳 (*Valsa mali* Miyabe et Yamada)，属子囊菌亚门，黑腐皮壳属真菌。

【发生规律】病菌以菌丝体、子囊壳及分生孢子器在病株上越冬。病菌为弱寄生菌，主要借雨水传播，从寄主的伤口侵入。侵入后潜伏期长，树体或局部组织衰弱时开始发病。3 — 10 月均能侵染和发病，4 — 5 月和 8 月为两次侵染高峰期。5 月以后发病缓慢，树势弱及老龄树比幼树发病率高。树木染病后，初期皮层变褐色，病健组织界限分明，随之病斑扩大膨胀、软化，并有黄色液体流出。后期病斑干缩凹陷呈黑褐色。病斑皮部产生黑色小颗粒状物，即该病菌的分生孢子器。遇潮湿环境，由分生孢子器中溢出橙黄色卷曲状的分生孢子角。该病发生严重时多处树皮腐烂，枝叶枯黄，树势严重衰弱，当病斑环绕枝干一圈时，上部即枯死。该病发生最适宜的温度为 28 ～ 32℃。

【防治】

（1）加强养护管理，移栽时树坑内施足有机肥料作底肥，施用氮、磷、钾肥比例要适当，避免造成海棠苗伤口，及时施肥浇水，增强树势，冬春修剪时将病枯枝、衰弱的粗枝清除掉，并集中烧掉，防止扩大蔓延，减少发病；树干涂白，防止病菌侵染（3 — 4 月涂 1 次、8 月涂 1 次）。

（2）发生严重时先刮除树干病部坏死组织，再用 50% 福美甲胂 50 倍液或使用生物制剂制成的抗腐剂农抗 120，对病斑进行涂药处理。

（3）敷泥防治。取新鲜泥土用清水拌匀，湿润程度为手捏成团能黏附在树皮上，在病疤上涂抹 3 ～ 5cm，然后用塑料膜包紧扎牢，以防水分蒸发和泥土脱落。1 年后，将塑料膜和泥去除。这样，好气病菌因长期缺氧就会窒息而死。此法治愈率在 90% 以上。

### 15. 棕榈腐烂病

【分布为害】棕榈腐烂病又名枯萎病，有心腐型和干腐型，是棕榈常见病害。棕榈树既是观赏树种又是经济树种，因腐烂病的发生，常造成枯萎死亡。

【症状】心腐型病株顶部心叶灰黄，幼叶皱缩不展，无光泽，基部变褐、腐烂，用手一拉，心叶即同植株脱离，较大的苗木心叶腐烂之后，从侧旁又可萌发生长，不会全株枯死，但苗木幼小时，也可引起死亡。干腐型病株，干部发病后外围局部变

棕榈腐烂病（心腐型）

黑褐色，其部位被棕皮包围时不易辨认，等到黑褐色部位扩大蔓延，包围或几乎包围一圈时，病害多从叶柄基部开始发生，首先产生黄褐色病斑，并沿叶柄向上扩展到叶片，病叶逐渐凋萎枯死。病斑延及树干产生紫褐色病斑，导致维管束变色坏死，树干腐烂，叶片枯萎，植株趋于死亡。若在棕榈干梢部位，其幼嫩组织腐烂，则更为严重。在枯死的叶柄基部和烂叶上，常见到许多白色菌丝体。当地上部分枯死后，地下根系也很快随之腐烂，全部枯死。

【病原】心腐可能与冻害有关，干腐病原菌属半知菌亚门丝孢纲丛梗孢目拟青霉菌（*Paecilo-myces varioti* Bainier.）。

【发病规律】病菌在病株上过冬。每年5月中旬开始发病，6月逐渐增多，7—8月为发病盛期，至10月底，病害逐渐停止蔓延。该病对小树和大树均有为害。棕榈树遭受冻伤或剥棕太多，树势衰弱易发病。

【防治】

（1）加强管理，及时清除腐死株和重病株，以减少侵染源。秋后少施氮肥，多施磷钾肥和生物有机肥，增加植株抗性。

（2）适时、适量剥棕，不可秋季剥棕太晚、春季剥棕太早或剥棕过多。春季，一般以清明前后剥棕为宜。

（3）可用40%络氨铜锌水剂400倍液浇灌，也可用50%多菌灵、50%代森铵500～800倍液喷雾，或刮除病斑后涂25%腐必治可湿性粉剂20倍液，均有一定防治效果。喷药时间，从3月下旬或4月上旬开始，每10～15天1次，连续喷3次。

（4）秋后喷施浓度0.01ml芸薹素内酯、0.5ml三十烷醇的溶液促壮。

16. 榆叶梅枝枯病

【分布为害】该病主要分布于河南、河北、山东、山西、北京，目前各地陆续有所发生。为害榆叶梅，使树叶脱落，植株死亡，具有传染性。

【症状】榆叶梅枝枯病对榆叶梅为害严重。植株感病后，叶片变黄褐色，整枝枯萎。

【病原】病原为果生核盘菌(*Sclerotinia uctigena* Aderh.et Ruhl.) 属子囊菌亚门盘菌纲柔膜菌目真菌。无性型为果生链核菌［*Monilinia fructigena*(Aderh.et Ruhl.)Honey］，隶属半知菌亚门丝孢纲丝孢目真菌。

榆叶梅枝枯病

【发病规律】病原菌以子囊盘或菌丝体在病组织中越冬，第二年环境条件适宜时，产生子囊孢子及分生孢子进行侵染为害。该病除为害榆叶梅外，还寄生于李、桃、梨、苹果等植物。

【防治】

（1）加强栽培管理，增强植株的抗性。

（2）减少侵染来源，及时清除病枝、败叶，集中深埋或烧毁。

（3）药剂防治，开花前喷施 50% 克菌丹可湿性粉剂 500 倍液，或用 50% 苯莱特可湿性粉剂 2 000 倍液，每隔 7 ～ 10 天喷 1 次，喷 2 ～ 3 次。

17. 根癌病

【分布为害】在世界范围内普遍发生。我国的上海、南京、杭州、济南、郑州、武汉、成都等地均有发生。该病是一种世界性病害，也是检疫性病害，日本十分普遍，根癌病又称冠瘿病。病原菌寄主范围广，可侵染 93 科 331 属 643 种植物，主要为双子叶植物、裸子植物及少数单子叶植物，尤以蔷薇科植物感病普遍。如樱花、菊、石竹、天竺葵、夹竹桃、桃、李、杏、梨、苹果、玫瑰、月季、蔷薇、梅、松、柏、南洋杉、罗汉松、银杏、海棠、毛白杨等。

【症状】病害发生于根颈部位，也发生在侧根上。最初病部出现肿大，不久扩展成球形或半球形的瘤状物，幼瘤为乳白色或白色，按之有弹力，以后变硬，肿瘤可不断增大，表面粗糙，呈褐色或黑褐色，表面龟裂，肿瘤多为球形或扁球形，有时呈不规则形大小不等，小的仅数厘米，大的约 10cm，甚至可达 30cm，感病后根系发育不良，细根极少，地上部生长缓慢，树势衰弱，严重时生长不良、叶片黄化、花期短，早落，甚至全株枯死。肿瘤可以 2 倍或几倍于生长部位的茎和根的粗度，有时可大到拳头状，引起幼苗迅速死亡。不同品种的樱花抗病性有明显差异，如染井吉野、八重垂枝樱易发病，则关山、菊樱品种较抗病。

樱花根癌病

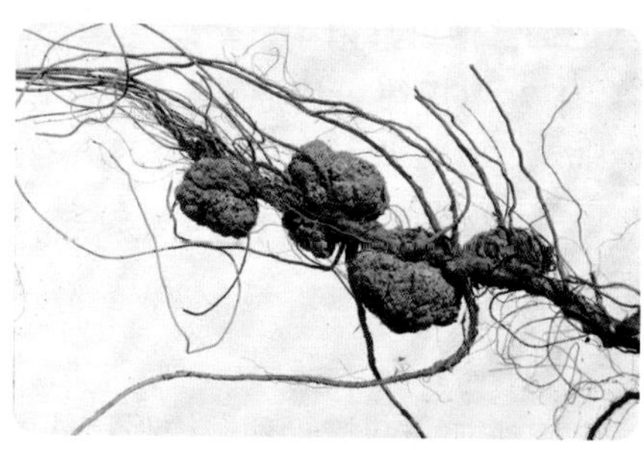

碧桃根癌病

【病原】病原为细菌，系革兰氏阴性根癌土壤杆菌（根癌农杆菌）[*Agrobacterium tumefaciens*(Smithet et Towns.)Conn.]引起。

【发病规律】病原菌及病瘤存活在土壤中或寄主瘤状物表面，随病组织残体在土壤中可存活 1 年以上。灌溉水、雨水、采条嫁接、作业农具及地下害虫均可传播病原细菌。在 10 ~ 34℃范围内生存，最适温度 22℃，低于 18℃或高于 30℃不易成瘤；耐酸碱范围 pH 值 =5.7 ~ 9.2，在 pH 值 =6.2 ~ 8 内可致病；在偏碱黏重的连作地，湿度越高发病越重；在疏松的沙质壤土地发病少。带病种苗和种条调运可远距离传播。苗木根部有伤口易发病。

月季根瘤病

【防治】

（1）加强检疫工作，发现病株集中销毁。

（2）改良土壤，进行消毒处理。利用腐叶土、木炭粉及微生物进行改良，对病株周围的土壤也可按每平方米 50 ~ 100g 的用量，撒入硫黄粉消毒。樱苗栽种前最好用 1% 硫酸铜液浸 5 ~ 10 分钟，再用水洗净，然后栽植。或利用抗根癌剂（K84）生物农药 30 倍液浸根 5 分钟后定植，或 4 月中旬切瘤灌根。

（3）药剂防治。可用刀锯切除癌瘤，然后用尿素涂入切除肿瘤部位，据报道这种方法在日本已成功。轻病株可用 300 ~ 400 倍液的 402 浇灌，或切除瘤后用 500 ~ 2 000mg/kg 链霉素或 500 ~ 1 000mg/kg 土霉素或 5% 硫酸亚铁涂抹伤口。用甲冰碘液 ( 甲醇 50 份、冰醋酸 25 份、碘片 12 份 ) 涂瘤有治疗作用。

（4）加强栽培管理。避免各种伤口，可改劈接为芽接，嫁接用具可用 0.5% 高锰酸钾消毒。苗圃地重病区实行 2 年以上轮作或用氯化苦消毒土壤后栽植。

【防治】

（1）药剂处理伤口防病技术。在一年生桃苗茎基部用芽接刀切伤，深达木质部，然后涂抹次氯酸钠、硫酸庆大霉素，待药液蒸发干，再涂抹活体野生菌液，迅速用塑料带捆扎伤口保湿防病效果最好达 90%。

（2）用抗根癌剂生物农药（K84）处理桃种仁育苗技术。用 2 倍液的抗根癌剂生物农药（K84）溶剂拌种，直接播种于无病苗圃。

（3）建立无病苗木繁育基地，培育无病壮苗，严禁病区和集市的苗木调入无病区，认真做好苗木产地检验消毒工作，防止病害传入新区。

（4）零星轻病区要采取有效措施、防止病害继续传入，发现病株及时清除焚毁，对病点周围土壤彻底消毒处理，防止病害扩展蔓延。

（5）对重病区要有计划，有步骤地进行治理改造，控制降低发病率，减少初侵染来源，强化农业措施，控制病情发展。

# 第二章

# 画说园林植物虫害

## 第一节　叶部虫害防治

### 一、以鳞翅目为代表的虫害防治

1. 双线盗毒蛾

【分布为害】双线盗毒蛾 [*Porthesia scintillans* (Walker)]，属鳞翅目毒蛾科。该虫分布于广西、广东、浙江、福建、海南、云南、湖南、四川和台湾等省区。寄主植物广泛，是一种植食性兼肉食性害虫，寄主植物有荔枝、刺槐、枫、茶、柑橘、梨、龙眼、黄檀、泡桐、枫香、栎、乌桕和十字花科植物。

【形态特征】成虫：体长 12 ～ 14mm，翅展 20 ～ 38mm。体暗黄褐色。前翅黄褐色至赤褐色，内、外线黄色；前缘、外缘和缘毛柠檬黄色，外缘和缘毛被黄褐色部分分隔成三段。后翅淡黄色。

双线盗毒蛾成虫

双线盗毒蛾幼虫

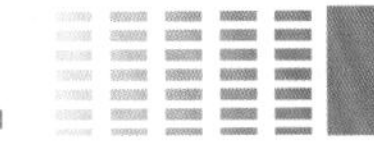



卵：卵粒略扁圆球形，由卵粒聚成块状，上覆盖黄褐色或棕色绒毛。

幼虫：老熟幼虫：体长 21 ～ 28mm。头部浅褐至褐色，胸腹部暗棕色；前中胸和第 3 ～ 7 腹节和第 9 腹节背线黄色，其中央贯穿红色细线；后胸红色。前胸侧瘤红色，第 1、第 2 和第 8 腹节背面有黑色绒球状短毛簇，其余毛瘤污黑色或浅褐色。

蛹：圆锥形，长约 13mm，褐色；有疏松的棕色丝茧。

【发生规律】此虫在福建年发生 3 ～ 4 代。在广西的西南部年发生 4 ～ 5 代，以幼虫越冬，但冬季气温较暖时，幼虫仍可取食活动。成虫于傍晚或夜间羽化，有趋光性。卵产在叶背或花穗枝梗上。初孵幼虫有群集性，在叶背取食叶肉，残留上表皮；2 ～ 3 龄分散为害，常将叶片咬成缺刻、穿孔，或咬坏花器，或咬食刚谢花的幼果。老熟幼虫入表土层结茧化蛹。

在广西的西南部，4 — 5 月，幼虫为害龙眼、荔枝的花穗和刚谢花后的小幼果较重，以后各代多为害新梢嫩叶。

【防治】

（1）人工防治：结合中耕除草和冬季清园，适当翻松园土，杀死部分虫蛹；也可结合疏梢、疏花，捕杀幼虫。

（2）药剂防治：虫口密度较大时，在园林植物开花前、后，酌情喷洒 90% 晶体敌百虫或 80% 敌敌畏乳油 800 ～ 1 000 倍液，或用 2.5% 氯氟氰菊酯乳油或 10% 氯氰菊酯乳油 2 500 ～ 3 000 倍液等。

2. 美国白蛾

【分布为害】美国白蛾［*Hyphantria cunea* (Drury)］属鳞翅目灯蛾科，又名美国灯蛾、秋幕毛虫、秋幕蛾，是举世瞩目的世界性检疫害虫，是我国第 2 号林业检疫性有害生物。主要为害果树、行道树、观赏树木和蔬菜等 300 多种植物，尤其以阔叶树为重。对园林树木、经济林、农田防护林等造成严重的为害。目前已被列入我国首批外来入侵物种。其为害一点也不亚于森林火灾。此外，被害树长势衰弱，易遭其他病虫害的侵袭，并降低抗寒抗逆能力。初孵幼虫有吐丝结

网，群居为害的习性，每株树上多达几百头、上万头幼虫为害，常把树木叶片蚕食一光，严重影响树木生长和生态景观。

美国白蛾雌成虫产卵状

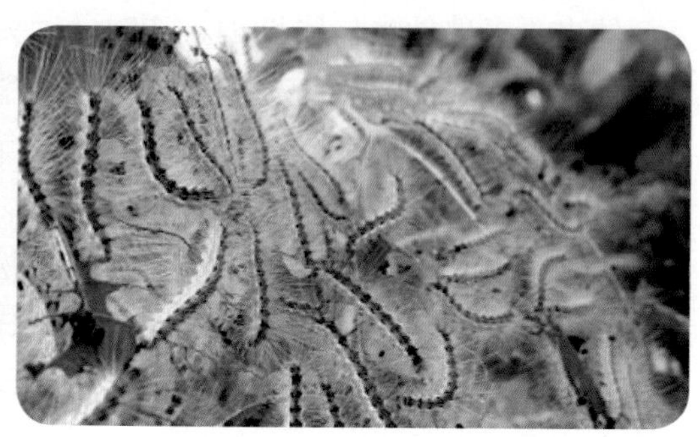

美国白蛾幼虫群集为害

美国白蛾蛹

美国白蛾卵

美国白蛾原产于北美，1979 年传入我国，现分布于辽宁、河北、山东、北京、天津、陕西、河南、吉林、江苏等地，美国白蛾繁殖能力强、扩散快，每年可向外扩散 35 ~ 50km。仅 2012 年全国新增美国白蛾疫点县（市、区）88 个，严重破坏城市绿化景观和生态环境，对经贸、旅游、农林生产均产生直接影响。1 ~ 2 龄幼虫只取食叶肉，留下叶脉，叶片呈透明纱网状。3 龄幼虫开始将叶片咬成缺刻。3 龄前的幼虫群集在一个网幕内为害，4 龄幼虫开始分成若干个小群体，形成几个网幕，藏匿其中取食。1 ~ 4 龄幼虫一直生活在网幕中。4 龄末的幼虫食量大增，5 龄以后分散为单个取食并进入暴食期。幼虫有较强的耐饥力，5 龄以上的幼虫 9 ~ 15 天不取食仍可继续发育，这时的幼虫可以爬附于交通工具进行远距离传播。

美国白蛾交尾

【形态特征】成虫：雌成虫体长 9.5 ~ 15mm，翅展 30 ~ 42mm；雄成虫体长 9 ~ 13mm，翅展 25 ~ 36mm。雄成虫前翅纯白或有浅褐色斑点，触角黑褐色；雌成虫前翅多数为纯白，触角褐色。卵为圆球形，直径约 0.5mm，初产时呈浅黄绿色或浅绿色，后变灰绿色，在孵化前变灰褐色，具较强的光泽。卵单层排列成块，覆以白色鳞毛。老熟幼虫：体长 28 ~ 35mm，头黑，具光泽。体黄绿色至灰黑色，背线、气门上线和气门下线呈浅黄色。背部毛瘤为黑色，体侧毛瘤多为橙黄色，毛瘤上着生白色长毛丛。腹足外侧黑色。气门白色，椭圆形，具黑边。根据幼虫的形态，可分为黑头型及红头型，是识别的重要依据。3 龄后，从体色、色斑、毛瘤及其上的刚毛颜色上更易区别。蛹：长 8 ~ 15mm，暗红褐色，腹部各节除节间外，布满凹陷刻点，臀刺 8 ~ 17 根，每根钩刺的末端呈喇叭口状，中凹陷。

【发生规律】20 世纪 80 年代初，此虫就在我国一些地方暴发成灾，并严重地危害着森林资源和园林生态景观，严重影响群众的生产生活，教训非常深刻。在近一个时期以来，美国白蛾疫情又严重反弹，为害程度不断加剧，呈现出虫口密度大，扩散加快、点多面广的蔓延态势。潜在危害风险极大，如不及时有效有序地进行综合治理，必将给国土生态安全，林业生产，园林景观和农业生产造成不可估量的损失。

美国白蛾繁殖力强、传播快、食性杂、寄主范围广、暴发性强、为害性大，防治难度大。一头雌蛾的产卵量，一次可达 800 ~ 2 000 粒，在中原 1 年发生 2 ~ 3 代，一头越冬代雌蛾年均可繁殖后代总数达 3 000 万至 2 亿头，一头幼虫一生取食叶片量 60g（合计：大型叶片 10 ~ 15 张，小型叶片 18 ~ 23 张）；并且幼虫具有极强的耐饥饿能力，在半月不取食的情况下，仍能正常繁殖、为害。适生范围广而传播途径多。我国几乎均处于美国白蛾适生区内。能耐 -16℃低温和40℃高温。四季均可随各种货物、交通工具等作远距离传播。破坏景观，引发公共事件。为害时树木食成光杆，林相残破，出现“夏树冬景”现象，影响环境绿化和美化，影响经济、生态和人文景观。

为害法桐叶片状

为害时吐丝结网

美国白蛾在欧洲为 1 年 2 代。主要以蛹在茧内越冬，茧可在树皮下及土壤、石块下存留。第 2 年春季羽化，卵产在叶背成块状，覆有白鳞毛。幼虫一共 7 龄。在美国，幼虫经 30 ~ 45 天老熟，夏末羽化。深秋落叶前其第 2 代幼虫为害。在我国山东省的烟台市 1 年发生完整的 2 代。越冬蛹于第 2 年 4 月下旬开始羽化。其第 1 代发生比较整齐，而第 2 代发生很不整齐，且世代重叠现象严重。大部分幼虫可化蛹越冬，有少部分化蛹早的羽化后可发生并进入第 3 代。大连和秦皇岛一

5 龄幼虫弃网后分散取食

般年发生2代，若遇上秋季高温的年份，第3代也可完成发育。在天津、陕西关中第3代的发生量较大，化蛹率也高，占总发生量的30%左右，在地处我国中原腹地的黄河流域两侧1年发生3代，以蛹越冬，出现世代重叠现象，越冬代成虫常常产卵于树冠的中、下部叶背处；越夏代成虫产卵多在树冠中上部。

雌成虫寿命一般5～8天，雄成虫4～7天。其自然传播，主要是靠成虫飞翔和老熟幼虫的爬行，成虫飞翔能力较差，一次飞翔距离在100m以内。属弱趋光种类，尤其雌蛾对光线不敏感，雄成虫对光线（尤其是紫外光线）稍强些。对腥臭味比较敏感。初孵幼虫有取食卵壳的习性，并在卵壳周围吐丝拉网，1～3龄群集取食寄主叶背的叶肉组织，仅留下叶脉和上表皮，被害叶片呈白膜状。

4龄幼虫开始分散，同时不断吐丝将被害叶片缀合成网幕，网幕随龄期增大而扩展，可长达1～2m；5龄以后开始抛弃网幕分散取食，食量大增，仅留叶片的主脉和叶柄，末龄幼虫取食量占整个幼虫期总取食量的50%以上。

【防治】目前，美国白蛾已成为各发生区人民政府防治的头等大事，作为政治任务来抓，一旦暴发成灾，造成的损失不可估量，在防控中要贯彻落实预防为主，科学治理，依法监管，强化责任的防治方针，完善基础设施建设，加强监测预报和检疫工作，建立快速反应机制，提升防控美国白蛾疫情的能力，保护园林景观，促进林业和经济社会可持续发展。将治理区划分为除治区、监控区、保护区3个类型区，实施分区治理。除治区：该区为工程区内重要防治区域，特点是发生集中连片，局部地区疫点密集，是新发区或虽经连年防治仍不断发生。监控区：该区虽尚未发现疫情，但与发生区相连或相近。保护区：该区是监控区中的重点保护区域。

（1）加强监测检疫。重点监测调查区域为，与疫区有货物运输往来的车站、码头、机场、旅游点、货物集散地、市场、养殖专业户，乡村农户房前屋后；机关、单位、学校、企业（尤其是过去绿化较好的现在停产、半停产的企业）、部队营房和鱼虾池的周边的树木及公路、铁路两侧的树木；脏乱臭地方的树木。凡是疫区的苗木未经检疫或处理的严禁外运，疫区应采取切实的防治方法，有效地控制美国白蛾疫情的扩散蔓延。

（2）人工防治。挖蛹：于美国白蛾化蛹后至羽化前，采取人工挖蛹的方法，可控制其羽化，降低虫口密度。

发动群众挖蛹

摘除卵块

摘除卵块：人工摘除带卵的叶片进行集中销毁。

剪除网幕：美国白蛾幼虫有群集和吐丝结网缀叶的习性，通过调查，在幼虫 3 龄前若发现网幕，可组织人工剪除网幕，及为害的枝条，剪下的枝条和网幕要及时装进塑料纺织袋中，集中处理。

围草诱虫：3 龄后在幼虫已分散的情况下，于老熟幼虫下树化蛹前在树干绑草把，集中诱杀下树化蛹的幼虫，明确专人负责，定时将其集中处理。

捕杀成虫：在成虫羽化期，对成虫进行捕杀。

（3）生物防治。美国白蛾性诱剂：是一种仿生产品，模拟雌性美国白蛾成虫释放的性信息素，配套诱捕器捕获前来亲密赴会的雄虫，将诱芯放入诱捕器内，在成虫发生期，把诱捕器悬挂在园林植物或林间，可直接诱杀雄成虫，以阻断成虫交尾，降低其繁殖率，可达到消灭害虫的目的。

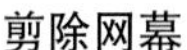
剪除网幕

美国白蛾性诱剂诱杀雄成虫

此方法应用于美国白蛾监测或轻度为害地块，诱捕器间隔20m以上，为害严重时，可结合其他生物防治方法进行。

诱虫灯捕杀雄成虫

昆虫天敌：可利用美国白蛾的天敌进行生物防治，分为寄生性天敌和捕食性天敌。寄生性天敌以姬小蜂科、小蜂科的种类和寄生蝇为主，寄生美国白蛾的幼虫和蛹：我国有周氏啮小蜂、白蛾孤独绒茧蜂、白蛾黑棒啮小蜂等是其主要天敌，周氏啮小蜂是新发现的物种，在我国研究及应用的最多。周氏啮小蜂放蜂的最佳时期是在美国白蛾老熟幼虫期和化蛹初期。放蜂应在25℃以上、10:00—16:00晴朗天气进行。此时光线充足，湿度小，利于雌蜂飞行寻找寄主产卵。放蜂量按蜂虫3∶1的比例掌握。捕食性天敌有大草蛉、中华草蛉、异色瓢虫。泛希姬蝽是卵期主要天敌；幼虫期的天敌主要有20多种蜘蛛、螳螂，两栖类和鸟类；蛹期的天敌主要为步甲、蜘蛛、蚂蚁等；成虫的天敌以鸟类和蜘蛛为主。

植物源杀虫剂：常用的有苦参碱、藜芦碱等植物源杀虫剂，对美国白蛾幼虫具有触杀、胃毒作用，高效、广谱、低毒、无污染。1%苦参碱，应用浓度为 3 000 倍液。

苏云金杆菌：选择性强，对天敌安全，在美国白蛾幼虫 4 龄前喷施 16 000IU/mg 苏云金杆菌 2 000 倍液，防治效果可达 98% 以上，但在强烈的阳光下易失活，因此，宜在阴天或太阳落山后施药。

（4）喷药防治。可利用高射程喷雾机在 3 龄幼虫期以前进行喷雾防治，施用药剂以及剂量有森得保（由苏云金杆菌 + 阿维菌素 + 植物中间剂复配而成的生物粉剂）5 000 倍液、25% 灭幼脲 3 号胶悬剂 1 000 倍液、1.2% 苦•烟乳油 4 000 倍液、2.5% 溴氰菊酯乳油 2 500 倍液、5%S- 氯氰菊酯 4 000 倍液喷雾防治，均可达到一定防治效果。

3. 舞毒蛾

【分布为害】舞毒蛾共有 3 个亚种，即欧洲亚种【*Lymantria dispar*（L.）】、亚洲亚种（*Lymantria dispar asiatica* Vnukovskii）、日本亚种（*Lymantria dispar japonica* Motschulsky），又名秋千毛虫。我国大部分地区，尤其是中原及南方地区分布的是亚洲亚种，具体分布于我国东北、内蒙古、陕西、河北、山东、山西、江苏、四川、宁夏、甘肃、青海、新疆、河南、贵州、台湾等地。主要为害柳树、黑杨、山杨、榛子、白蜡等，以幼虫为害叶片，被害叶出现孔洞或缺刻，幼虫暴食阶段可将叶片吃光或仅剩主脉。

【形态特征】成虫：雌雄异型。雄体长 18 ~ 20mm，翅展 45 ~ 47mm，暗褐色。头黄褐色，触角羽状褐色，体背侧灰白色。前翅外缘色深呈带状，余部微带灰白，翅面上有 4 ~ 5 条深褐色波状横线；中室中央有 1 个黑褐圆斑，中室端横脉上有 4 个黑褐色的“<”形斑纹，外缘脉间有 7 ~ 8 个黑点。后翅色较淡，外缘色较浓成带状，横脉纹色暗。雌体长 25 ~ 28mm，翅展 70 ~ 75mm，污白微黄色。触角黑色短羽状，前翅上的横线与斑纹同雄虫相似，为暗褐色；后翅近外缘有 1 条褐色波状横线；外缘脉间有 7 个暗褐色点。腹部肥大，末端密生黄褐色鳞毛。

卵：圆形或卵圆形，直径 0.9 ～ 1.3mm，初黄褐色，渐变灰褐色。

舞毒蛾成虫

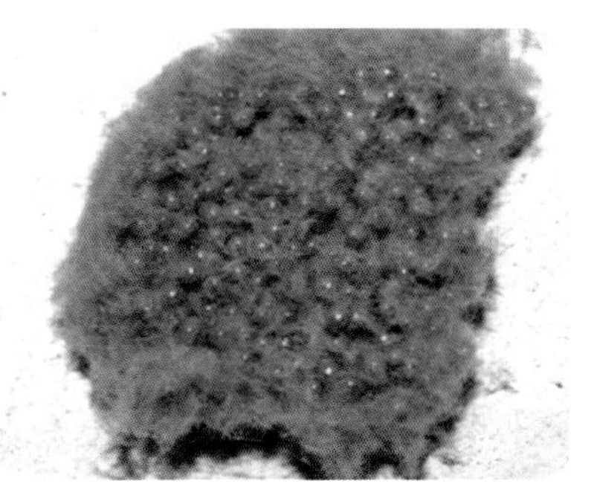

舞毒蛾卵块

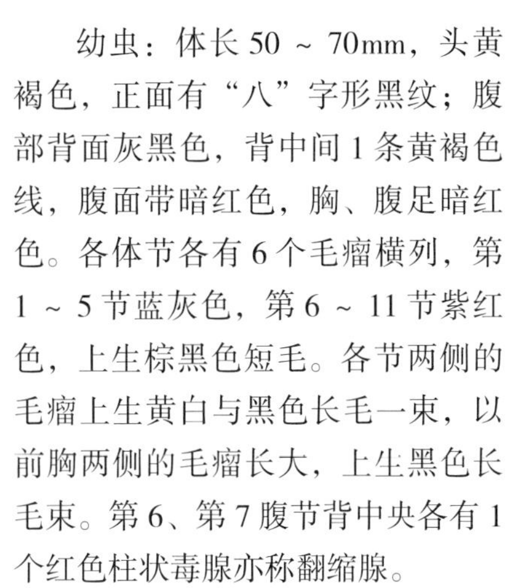

幼虫：体长 50 ～ 70mm，头黄褐色，正面有“八”字形黑纹；腹部背面灰黑色，背中间 1 条黄褐色线，腹面带暗红色，胸、腹足暗红色。各体节各有 6 个毛瘤横列，第 1 ～ 5 节蓝灰色，第 6 ～ 11 节紫红色，上生棕黑色短毛。各节两侧的毛瘤上生黄白与黑色长毛一束，以前胸两侧的毛瘤长大，上生黑色长毛束。第 6、第 7 腹节背中央各有 1 个红色柱状毒腺亦称翻缩腺。

舞毒蛾幼虫

蛹：长 19 ～ 24mm，初红褐色后变黑褐色，幼虫毛瘤处生有黄色短毛丛。

舞毒蛾蛹

【发生规律】年发生 1 代，以卵块在树体上、石块、梯田壁等处越冬。寄主发芽时开始孵化，初龄幼虫日间多群栖，夜间取食，受惊扰吐丝下垂借风力传播，故称“秋千毛虫”。2 龄后分散取食，日间栖息在树枝、树皮缝或树下土石缝中，傍晚成群上树取食。幼虫

期 50 ~ 60 天，6 月中下旬开始陆续老熟爬到隐蔽处结薄茧化蛹：蛹期 10 ~ 15 天。7 月成虫大量羽化。成虫有趋光性，雄蛾白天飞舞于冠上枝叶间，因羽化后的雄成虫在日间常常成群飞舞，故称为“舞毒蛾”。常在化蛹处附近产卵：在树上多产于枝干的阴面，卵 400 ~ 500 粒成块，形状不规则，上覆雌蛾腹末的黄褐色鳞毛，每雌产卵 1 ~ 2 块、400 ~ 1 200 粒。

【防治】

（1）营造混交林，加强抚育，注意修剪老枝残枝，减少虫害；利用幼虫白天下树潜伏习性在树干基部堆砖石瓦块，诱集 2 龄后幼虫，白天捕杀。

（2）根据成虫趋光性可设置黑光灯诱杀。

（3）保护与利用天敌。已知天敌近 200 种，常见的有舞毒蛾黑瘤姬蜂、喜马拉雅聚瘤姬蜂、脊腿囊爪姬蜂、舞毒蛾卵平腹小蜂、梳胫饰腹寄蝇、毛虫追寄蝇、隔离狭颊寄蝇等。

（4）药剂防治。可在树干上涂 50 ~ 60cm 宽的药带，采用高浓度残效长的触杀剂，毒杀幼虫。也可在树干直接喷洒残效期长的高浓度触杀剂。在舞毒蛾幼虫 3 龄期左右进行化学烟剂防治；在卵孵化高峰期进行喷雾防治 1 龄幼虫，可以利用苏云金杆菌进行喷雾防治、1.8% 阿维菌素或者 0.9% 阿维菌素乳油喷烟或喷雾防治，或其他的生物农药喷雾喷烟防治；幼虫期喷洒 25% 灭幼脲 1 000 倍液；树上喷药防治 4 龄前的幼虫，可选用 2.5% 氯氟氰菊酯乳油 4 000 倍液、20% 甲氰菊酯乳油 3 500 倍液、5%S- 氯氰菊酯乳油 4 000 倍液、2.5% 溴氰菊酯乳油 3 500 倍液或 50% 杀螟硫磷乳油 1 000 倍液。

4. 杨毒蛾

【分布为害】杨毒蛾（*Stilpnotia candida* Staudinger）又名杨雪毒蛾，分布于北京、河北、山西、内蒙古、东北、山东、江苏、河南、湖南、陕西、青海、新疆等地。为害杨、柳、白桦、榛子等，是杨、柳的主要害虫之一，可将叶片吃光，影响树木生长甚至导致死亡。在北方一些地区常与柳毒蛾伴随发生。猖獗时，短期内能将

整个林木叶片吃光。

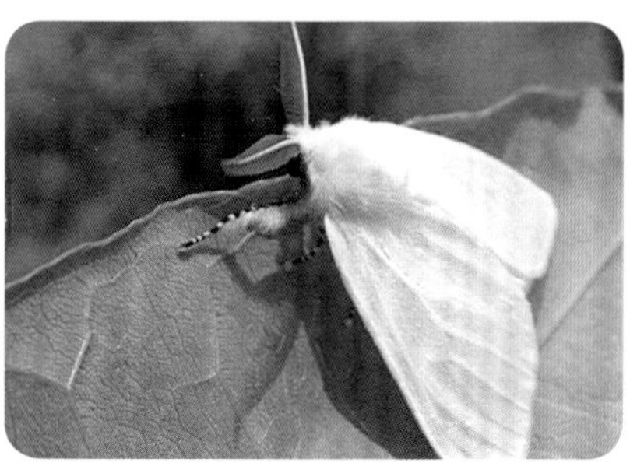

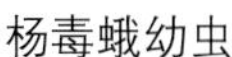
杨毒蛾幼虫　　杨毒蛾雄成虫

【形态特征】雄成虫翅展 35 ~ 42mm，雌成虫 48 ~ 52mm，体翅均白色。翅有光泽，不透明。触角黑色，有白色或灰白色环节；下唇须黑色。足黑色，胫节和跗节有白环。

卵：馒头形，灰褐色至黑褐色，卵块上被灰色泡沫状物。

幼虫：老熟幼虫：体长 30 ~ 50mm；头棕色，有 2 个黑斑，刚毛棕色；体黑褐色，亚背线橙棕色，其上密布黑点；第 1、第 2、第 6、第 7 腹节上有黑色横带，将亚背线隔断，气门上线和下线黄棕色有黑斑；腹面暗棕色；瘤蓝黑色有棕色刚毛；足均为棕色；翻缩腺浅红棕色。

蛹：长 20 ~ 25mm，棕黑色有棕黄色刚毛，表面粗糙。

【发生规律】华北、华东、西北 1 年 2 代，以 2 ~ 4 龄幼虫在树干基部翘皮裂缝及枯枝落叶中结茧越冬。成虫有较强的趋光性，以雌虫尤明显，夜间活动，成块产卵于树皮或叶片上，上覆银灰色泡沫状物。幼虫昼伏夜出，初龄幼虫分散为害，后期有群集性。树干基部杂草枯叶多、树皮缝和洞口多的树木易受害。大发生时大面积树林叶片全被吃光、形如火烧，使长势衰弱甚至成片死亡。初孵幼虫多隐蔽阴暗处，一段时间后开始上树取食，受惊能吐丝下垂并可随风扩散；老龄幼虫分散取食，进入暴食期时，为害最烈，有明显的群集性，喜阴湿，白天避光，常数十头至上百头（或更多）潜伏于树皮缝、树洞、地面石块、枯落物下；老熟幼虫在枝叶间化蛹。

【防治】

（1）越冬幼虫下树越冬前，用麦草在树干基部捆扎 20cm 宽的草把，第 2 年 3 月检查幼虫量并烧毁。若幼虫密度超过 120 头 / 株，则要考虑药剂防治，另外在杨毒蛾群集时期及时清除。

（2）在树干上喷施 2.5% 溴氰菊酯 3 000 ～ 5 000 倍液、20% 氰戊菊酯 2 000 ～ 3 000 倍液或 5% 高效氯氰菊酯 2 000 ～ 3 000 倍液，阻杀上树幼虫，防治效果可达 85% 以上。大面积片林用敌马烟剂防治。

（3）低龄幼虫期用 $2 \times 10^8$ 孢子 /ml 的苏云金杆菌液喷雾。

5. 柳毒蛾

【分布为害】柳毒蛾［*Stilpnotia salicis* (Linnaeus)］属鳞翅目毒蛾科，主要为害杨柳科的树木。分布于黑龙江、内蒙古、新疆，南至浙江、江西、湖南、贵州、云南，淮河以北分布较广。寄主有棉花、茶树、杨、柳、栎树、栗、樱桃、梨、梅、杏、桃等。为害严重时，能将叶片吃光，且大量排粪，在造成严重损失的同时，影响城市园林绿地的环境卫生。低龄幼虫只啃食叶肉，留下表皮，长大后咬食叶片成缺刻或孔洞。

柳毒蛾幼虫

柳毒蛾成虫（上雄，下雌）

【形态特征】成虫：体长约 20mm，翅展 40 ～ 50mm，全体白色，具丝绢光泽，足的胫节和附节生有黑白相间的环纹。

卵：馒头形，灰白色，成块状堆积，外面覆有泡沫状白色胶质物。

幼虫：末龄幼虫：体长约 50mm，背部灰黑色混有黄色；背线褐

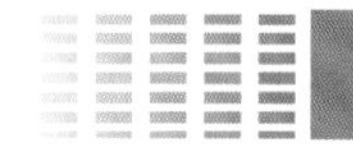


色，两侧黑褐色，身体各节具瘤状突起，其上簇生黄白色长毛。蛹长 20mm，黑褐色，上生有浅黄色细毛。

【发生规律】柳毒蛾在东北 1 年 1 代，以 2 龄幼虫在树皮缝作薄茧越冬，翌年 4 月中旬，杨、柳展叶期开始活动，5 月中旬幼虫：体长 10mm 左右，白天爬到树洞里或建筑物的缝隙及树下各种物体下面躲藏，夜间上树为害。6 月中旬幼虫老熟后化蛹；6 月底成虫羽化。7 月初第 1 代幼虫开始孵化为害，9 月底第 2 代幼虫作茧越冬。

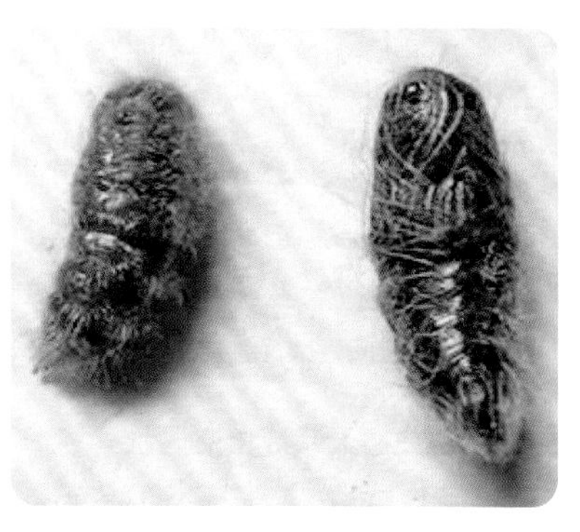
柳毒蛾蛹

【防治】

（1）加强苗木检疫工作，防止输入性传播。

（2）诱杀：在树干上松松地围捆报纸，或紧贴基部放些物体，引诱下树害虫钻入，集中清理杀死；利用灯光诱杀成虫，从而减少成虫产卵数量，减少虫口密度。

（3）药剂防治：在树干上喷涂 30cm 宽的 2.5% 溴氰菊酯、20% 氰戊菊酯或 5% 高效氯氰菊酯 2 000 ~ 3 000 倍液药环，或在树干基部撒 25% 甲萘威可湿性粉剂，毒杀上、下树的幼虫。为害严重时，可喷 80% 敌敌畏 1 000 ~ 1 200 倍液或 50% 辛硫磷乳油 1 200 ~ 1 500 倍液。

6. 夹竹桃白腰天蛾

【分布为害】夹竹桃白腰天蛾［*Deilephila nerii* (Linnaeus)］，属鳞翅目天蛾科，又名夹竹桃天蛾、粉绿白腰天蛾、巴纹天蛾、鹰纹天蛾。主要分布于广东、广西、台湾、福建、四川、云南、海南等省区。主要为害萝芙木、黄蝉、马茶花、日日春、夹竹桃等植物。幼虫取食嫩梢及叶片，影响新枝的生长。

夹竹桃白腰天蛾成虫交尾状
（上雌，下雄）

夹竹桃白腰天蛾雄成虫

【形态特征】夹竹桃天蛾成虫夜行性，夜晚有趋光性。成虫：体长 45 ～ 53 mm，展翅 90 ～ 110mm，虫体底色灰绿色或橄榄绿，前胸背板有一枚“八”字形的灰白色斑纹，前翅中央有 1 条淡黄褐色的横带，与腹背的黄白色横斑于停栖时条纹相连，近翅端有 1 条斜向的浅色横带，近臀部有 1 枚灰褐色的暗斑，斑形达后缘。本种普遍分布于低海拔山区，幼虫寄主为夹竹桃科的日日春、马茶花、夹竹桃等有毒植物，初龄体色绿色，腹端有 1 根黑色细长的尾突，终龄尾突橙色，胸背板上有 1 对框黑边的蓝白色拟眼大斑，各龄期体色多变，体型肥大，体侧有 1 条白色宽形纵纹，边缘具稀疏的白色斑点，化蛹前体色呈黑褐色，成虫常见于公园、学校及住家阳台，夜晚会趋光。卵：圆形，直径约 1.5mm。幼虫：粗大，胸节有一大形眼状纹，中间蓝色，边缘黑色，第 11 腹节有尾角，老熟幼虫尾角短而下弯。成虫橄榄绿色，前翅基有小眼纹。幼虫贪食叶片。成虫飞翔力极强，由地中海蔓延大半个地球，1 年 2 ～ 3 代。

【发生规律】每年约有 2 个世代，成虫发生于 5—6 月和 10—11 月，幼虫取食幼苗的嫩叶，由于幼虫取食量极大，会将整株幼苗叶部取食殆尽，对苗木的生长影响较大，反而较少为害大树，老龄幼虫在土里化蛹；成虫趋光性并不强。

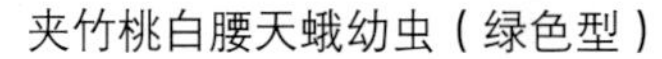
夹竹桃白腰天蛾幼虫（绿色型）

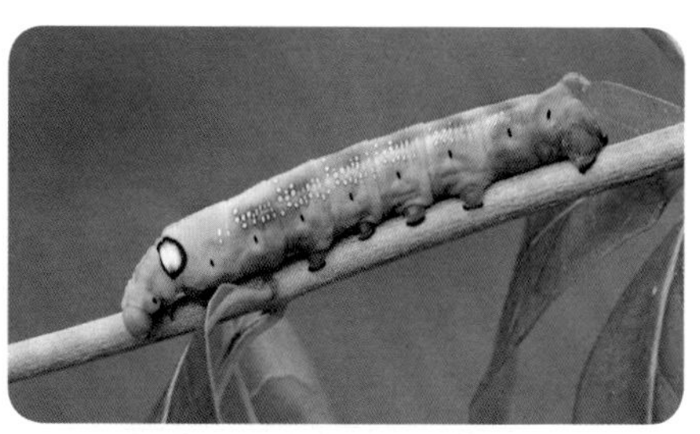
夹竹桃白腰天蛾幼虫（褐色型）

夹竹桃白腰天蛾蛹

【防治】

（1）成虫盛发期可用灯火诱杀。

（2）幼虫盛发时，提倡使用25%灭幼脲悬浮剂500～600倍液、2%巴丹粉剂每亩2.5kg、喷洒10%吡虫啉可湿性粉剂1 500倍液。

7. 雀纹天蛾

【分布为害】雀纹天蛾［*Theretra japonica* (Orza)］，属鳞翅目天蛾科，别名爬山虎天蛾。主要为害爬山虎、常春藤、麻叶绣球、大绣球等花木。以幼虫在叶背蚕食叶片，造成叶片残缺不全。国内分布北起黑龙江，南至广东、广西，西到陕西、四川，东抵沿海各省及台湾均有发生；国外分布于朝鲜、日本、苏联。

【形态特征】成虫：体长38～40mm，翅展68～72mm。绿褐色，头胸部两侧及背中央有灰白色绒毛，背线两侧有橙黄色纵条，腹部背线棕褐色，各节间有褐色横纹，两侧橙黄色，腹面粉褐色；前翅黄褐色，顶角至后缘基部有6条暗褐色斜条纹，后翅黑褐色，后角附近有橙灰色三角斑纹。幼虫：体长75～80mm，青绿色或褐色，第1、第2腹节各有黄色眼斑1对。

雀纹天蛾成虫

雀纹天蛾幼虫

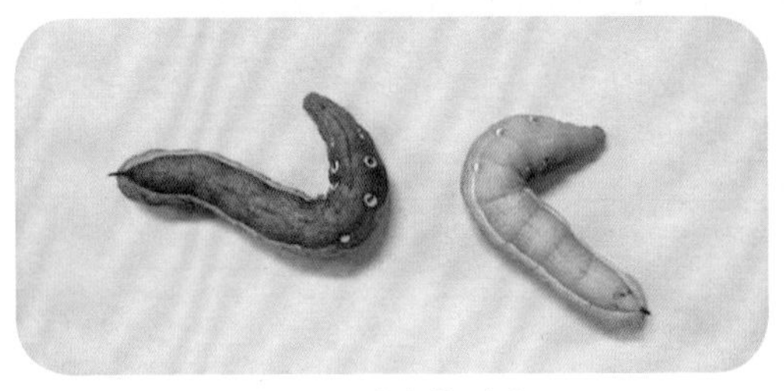
雀纹天蛾老熟幼虫

雀纹天蛾蛹

【发生规律】1年发生1～4代，因地区而异。以蛹在土中越冬。上海1年发生1代。翌年6—7月羽化成蛾，成蛾有趋光性；7—8月幼虫陆续发生为害，华北地区1年发生1～2代，以蛹越冬。翌年6—7月出现成虫，趋光性和飞翔力强，喜食糖蜜汁液，夜间交配与产卵：卵产在叶片背面，卵期为7天左右。6月下旬出现幼虫，初孵幼虫有背光性，白天静伏在叶背面，夜间取食。随着虫龄增长，其食量猛增，常将叶片食光。10月幼虫老熟，入土化蛹越冬。该虫1年发生代数，因地区不同而有差异，江西和广东地区1年发生约4代，均以蛹在土中越冬。

【防治】

（1）园林措施。结合冬耕，消灭土中越冬虫蛹。

（2）物理防治。悬挂黑光灯，诱捕成蛾。

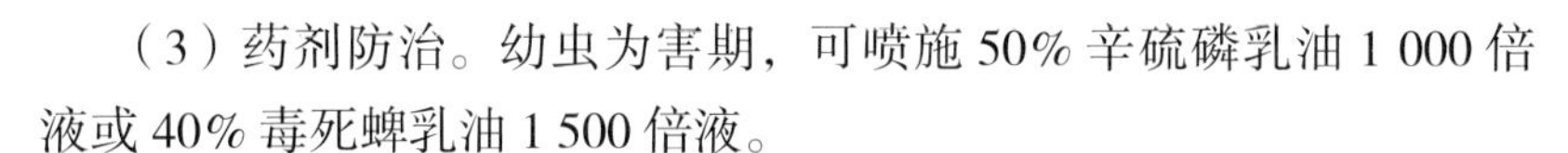

（3）药剂防治。幼虫为害期，可喷施50%辛硫磷乳油1 000倍液或40%毒死蜱乳油1 500倍液。

8. 鬼脸天蛾

【分布为害】鬼脸天蛾［*Acherontia lachesis*（Fabricius）］，又名人面天蛾，是天蛾科鬼脸天蛾属下的一种。以成虫胸部背面的骷髅形斑纹而得名，以茄科、豆科、木樨科、紫葳科、唇形科为寄主。夜晚会趋光，白天停栖与翅色近似的树干上。广泛分布于亚洲，包括俄罗斯的远东地区、日本、巴基斯坦、尼泊尔、中国（湖南、江西、海南、广东、广西、云南、福建、台湾）、印度、斯里兰卡、缅甸、菲律宾、印尼等地的低中海拔山区。

鬼脸天蛾成虫

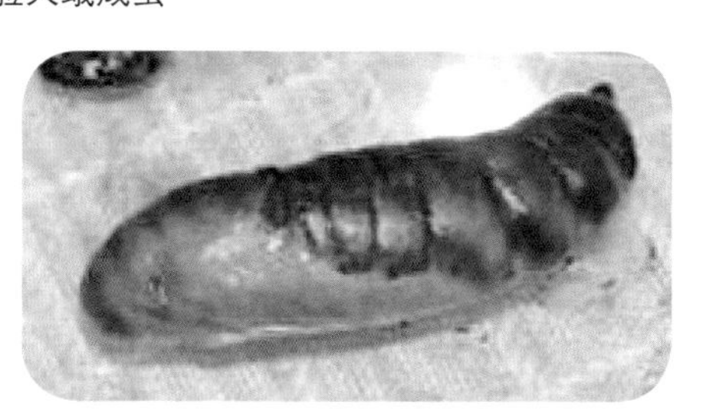

鬼脸天蛾蛹

【形态特征】翅展100～125mm。翅膀颜色以杂乱的深黑褐色为主；最大特征是胸部背侧有1个骷髅头般的花纹。雌雄差异不明显。腹部黄色，各环节间有黑色横带，背线蓝色较宽，前翅黑色、青色、黄色相间，内横线、外横线各由数条深浅不同的波状线条组成，中室上有一个灰白色点；后翅黄色，基部、中部及外缘处有较宽的黑色带三条，后角附近有一块灰蓝色斑。每年发生1代，成虫7—8月出现，能吱吱发声，以蛹过冬。

成虫：体长 5 ~ 6cm，展翅 8 ~ 10cm（最大纪录为展翅 13.2cm）。胸部背面有类似人面（鬼面或骷髅头）形状的斑纹（斑纹中间有一条直线，形似是人的鼻子）。腹部黄色，各环节间有黑色横带，拥有 1 条较宽的青蓝色背线，在第 5 环节后覆盖整个腹部的背面。幼虫：体长约 9 ~ 12cm。体型肥大，体色有黄、绿、褐、灰等多种，体侧有斜向的斑纹（但会因个体差异而有所不同）。一龄幼虫：身体大致呈淡黄色。

鬼脸天蛾幼虫

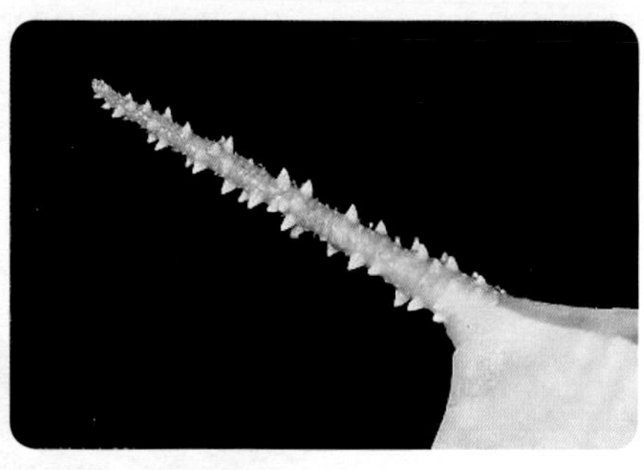

鬼脸天蛾幼虫尾刺

【发生规律】成虫出现于 4—10 月，生活在低、中海拔山区。夜晚趋光；受到干扰，会在地面飞跳并发出吱吱的叫声。1 年发生 1 代，以蛹过冬。幼虫以茄科、马鞭草科、木樨科、紫葳科及唇形科等植物为寄主。成虫在 7 月间出现，飞翔能力较弱，常隐居于寄主叶背，散产卵于寄主叶背及主脉附近。

【防治】

参考雀纹天蛾。

9. 黄杨绢野螟

【分布为害】黄杨绢野螟［*Diaphania perspectalis* (Walker)］属鳞翅目草螟科。分布于青海、陕西、河北、河南、山东、江苏、上海、浙江、江西、福建、湖北、湖南、广东、广西、贵州、重庆、四川、西藏等地。主要为害瓜子黄杨、雀舌黄杨、大叶黄杨、朝鲜黄杨、黄杨木、冬青、卫矛等绿篱植物。其中又以瓜子黄杨和雀舌黄杨受害最重。以幼虫食害嫩芽和叶片，常吐丝缀合叶片，于其内取食，受害叶片枯焦，严重的街道被害株率50%以上，甚至可达90%，暴发时可将叶片吃光，造成黄杨成株枯死，影响市容，污染环境。

黄杨绢野螟成虫　　　　黄杨绢野螟幼虫

【形态特征】成虫：体长14 ~ 19mm，翅展33 ~ 45mm；头部暗褐色，头顶触角间的鳞毛白色；触角褐色；下唇须第1节白色，第2节下部白色，上部暗褐色，第3节暗褐色；胸、腹部浅褐色，胸部有棕色鳞片，腹部末端深褐色；翅白色半透明，有紫色闪光，前翅前缘褐色，中室内有2个白点，一个细小，另一个弯曲成新月形，外缘与后缘均有1条褐色带，后翅外缘边缘黑色褐色。卵：椭圆形，长0.8 ~ 1.2mm，初产时白色至乳白色，孵化前为淡褐色。幼虫：老熟时体长42mm左右，头宽3.7 ~ 4.5mm；初孵时乳白色，化蛹前头部黑褐色，胴部黄绿色，表面有具光泽的毛瘤及稀疏毛刺，前胸背面具较大黑斑，三角形，2块；背线绿色，亚背线及气门上线黑褐色，气门线淡黄绿色，基线及腹线淡青灰色；胸足深黄色，腹足淡黄绿色。

蛹：纺锤形，棕褐色，长24 ~ 26mm，宽6 ~ 8mm；腹部尾端有臀刺6枚，以丝缀叶成茧，茧长25 ~ 27mm。

【发生规律】该虫在山东1年3代，以第3代的低龄幼虫在叶苞内做茧越冬，翌年4月中旬开始活动为害，然后开始化蛹、羽化，5月上旬始见成虫。越冬代整齐，以后存在世代重叠现象，10月以3代幼虫开始越冬。各代（越冬代除外）各虫态平均历期：卵9天，幼虫 26 天，蛹 8 天，成虫 9 天；幼虫一般 5 ~ 6 龄，越冬代则为 9 ~ 10 龄。

黄杨绢野螟蛹

成虫多在傍晚羽化，次日交配，交尾后第 2 天产卵：卵多产于叶背或枝条上，多块产，少数散产，每卵块 3 ~ 13 粒，每雌产卵 123 ~ 219 粒；成虫昼伏夜出，白天常栖息于荫蔽处，性机警，受惊扰迅速飞离，夜间出来交尾、产卵：具趋光性。幼虫孵化后，分散寻找嫩叶取食，初孵幼虫于叶背食害叶肉；2 ~ 3 龄幼虫吐丝将叶片、嫩枝缀连成巢，于其内食害叶片，呈缺刻状，3 龄后取食范围扩大，食量增加，为害加重，受害严重的植株仅残存丝网、蜕皮、虫粪，少量残存叶边、叶缘等；幼虫昼夜取食为害，4 龄后转移为害；性机警，遇到惊动立即隐匿于巢中，老熟后吐丝缀合叶片作茧化蛹。

【防治】

黄杨绢野螟是一种为害逐步加重的危险性园林害虫，是黄杨类植物上的恶性害虫，应引起警惕，注重防治。对其防治需贯彻预防为主、综合防治原则，加强检疫，注重人工防治，并适时合理用药。

（1）加强检疫。该虫寄主仅限于黄杨科，且成虫飞翔力弱，远距离传播主要靠人为的种苗调运，因此加强检疫，杜绝害虫随苗木调运而扩散，可有效控制该虫蔓延为害。

（2）注重人工防治。冬季清除枯枝卷叶，将越冬虫茧集中销毁，可有效减少第二年虫源。利用其结巢习性在第 1 代低龄阶段及时摘除虫巢，化蛹期摘除蛹茧，集中销毁，可大大减轻当年的发生为害。利

用成虫的趋光性诱杀：在成虫发生期于黄杨科植物周围的路灯下利用灯光捕杀其成虫，或在黄杨集中的绿色区域设置黑光灯等进行诱杀。

（3）合理用药。搞好虫情测报，适时用药，用药防治的关键期为越冬幼虫出蛰期和第 1 代幼虫低龄阶段，可用 20% 甲氰菊酯乳油 2 000 倍液、2.5% 氯氟氰菊酯乳油 2 000 倍液、2.5% 溴氰菊酯乳油 2 000 倍液等菊酯类农药，还可推广使用一些低毒、无污染农药及生物农药，如阿维菌素、BT 乳剂等。喷药应彻底，对下部叶片也不应漏喷。

（4）保护利用天敌。对寄生性凹眼姬蜂、跳小蜂、白僵菌以及寄生蝇等自然天敌进行保护利用；或进行人工饲养，在集中发生区域进行释放，可有效地控制其发生为害。

10. 黄刺蛾

【分布为害】黄刺蛾［*Cnidocampa flavescens*（Walker）］属鳞翅目刺蛾科，又名洋辣子、刺毛虫。目前，中国除宁夏、新疆、贵州、西藏尚无记录外，几乎遍布其他省区。以幼虫为害枣、核桃、柿、枫杨、苹果、杨等 90 多种植物，可将叶片吃成很多孔洞、缺刻或仅留叶柄、主脉，严重影响树势。

【形态特征】成虫：体粗短，翅上鳞毛厚。雌蛾体长 15 ~ 17 mm，翅展 35 ~ 39mm；雄蛾体长 13 ~ 15 mm，翅展 30 ~ 32 mm。体橙黄色。前翅黄褐色，自顶角有 1 条细斜线伸向中室，斜线内方为黄色，外方为褐色；在褐色部分有 1 条深褐色细线自顶角伸至后缘中部，中室部分有 1 个黄褐色圆点。后翅灰黄色。卵扁椭圆形，一端略尖，长 1.4 ~ 1.5 mm，宽 0.9 mm，淡黄色，卵膜上有龟状刻纹。幼虫头小，能缩回于前胸下，体短粗肥。胸足小，腹足退化，体上生有枝刺。老熟幼虫：体长 19 ~ 25 mm，体粗大。头部黄褐色，隐藏于前胸下。胸部黄绿色，体自第 2 节起，各节背线两侧有 1 对枝刺，以第 3、4、10 节的为大，枝刺上长有黑色刺毛；体背有紫褐色大斑纹，前后宽大，中部狭细成哑铃形，末节背面有 4 个褐色小斑；体两侧各有 9 个枝刺，体例中部有 2 条蓝色纵纹，气门上线淡青色，气门下线淡黄色。蛹椭圆形，粗大。体长 13 ~ 15 mm。淡黄褐色，头、胸部背面黄色，腹部各节背面有褐色背板。茧椭圆形，质坚硬，黑褐色，有灰白色不规则纵条纹，极似雀卵。

黄刺蛾成虫

黄刺蛾幼虫

【发生规律】在北方多为 1 年 1 代，在长江流域 1 年 2 代，秋后老熟幼虫常在树枝分叉、枝条叶柄甚至叶片上吐丝结硬茧越冬。

黄刺蛾幼虫

翌年初夏，老熟幼虫在茧内化蛹：1 个月后羽化成虫飞出，觅偶交配产卵。幼虫于夏秋之间为害，经常发生于林带、行道树、庭园树木及果树上，食性杂，能为害多种阔叶乔灌木，多种果树、枫杨、杨、榆、梧桐、油桐、乌桕、楝、栎、紫荆、刺槐、桑、茶等。

其初龄幼虫常群集啃食树叶下表皮及叶肉，仅存上表皮，形成圆形透明斑；3 龄后，分散为害，取食全叶，仅留叶脉与叶柄，严重影响林木生长及果实产量，甚至致使树木枯死。幼虫身上的枝刺触及人体，会引起红肿和灼热剧痛。

【防治】

（1）消灭越冬虫茧。黄刺蛾越冬期长达 7 个月，可据不同种类刺蛾的结茧地点，采用采摘、敲击、挖掘虫茧，并挖坑埋杀，可有效地减少虫口密度。

（2）杀治老熟幼虫，可以减少下代虫口密度。

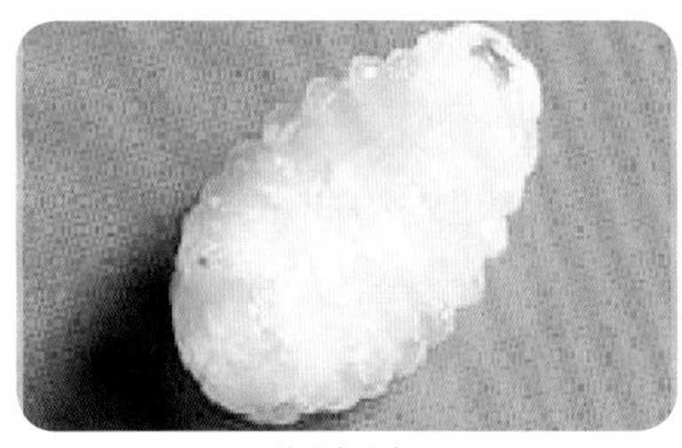
黄刺蛾蛹

黄刺蛾茧

（3）灯光诱杀成虫。大多数刺蛾类成虫有趋光性，在成虫羽化期，设置黑光灯诱杀，效果明显。

（4）药剂防治。黄刺蛾幼虫对药剂抵抗力弱，可喷90%晶体敌百虫1 000倍液、80%敌敌畏乳油1 200倍液、50%辛硫磷乳油1 000倍液、25%亚胺硫磷乳油1 500 ~ 2 000倍液或拟除虫菊酯类农药3 000 ~ 5 000倍液喷杀，效果均好。

（5）生物防治。黄刺蛾的寄生性天敌较多，已发现的寄生性天敌有刺蛾紫姬蜂、刺蛾广肩小蜂、上海青蜂、爪哇刺蛾姬蜂、健壮刺蛾寄蝇和一种绒茧蜂。黄刺蛾幼虫的天敌还有白僵菌、青虫菌、质型多角体病毒，应开发使用。上海青蜂是常见天敌，应用刺蛾茧保护器将采下的虫茧放入其中，使羽化后青蜂飞出。黄刺蛾的被寄生率第1年达26%，第二年达64%，第三年达96%。

11. 褐边绿刺蛾

【分布为害】褐边绿刺蛾［*Parasa consocia*（Walker）］属鳞翅目刺蛾科，别名青刺蛾、褐缘绿刺蛾、四点刺蛾、曲纹绿刺蛾、洋辣子。分布于黑龙江、辽宁、内蒙古、陕西、山西、北京、河北、河南、山东、安徽、江苏、上海、浙江、江西、广东、广西、湖南、湖北、贵州、重庆、四川、云南等地。寄生于大叶黄杨、月季、海棠、桂花、牡丹、芍药、苹果、梨、桃、李、杏、梅、樱桃、枣、柿、核桃、珊瑚树、板栗、山楂等果树和杨、柳、

褐边绿刺蛾成虫

悬铃木、榆等林木。幼虫取食叶片，低龄幼虫取食叶肉，仅留表皮，老龄时将叶片吃成孔洞或缺刻，有时仅留叶柄，严重影响树势。

【形态特征】成虫：体长 15 ~ 16 mm，翅展约 36mm。触角棕色，雄栉齿状，雌丝状。头和胸部绿色，复眼黑色，雌虫触角褐色，丝状，雄虫触角基部 2/3 为短羽毛状。

褐边绿刺蛾茧

褐边绿刺蛾幼虫

胸部中央有 1 条暗褐色背线。前翅大部分绿色，基部暗褐色，外缘部灰黄色，其上散布暗紫色鳞片，内缘线和翅脉暗紫色，外缘线暗褐色。腹部和后翅灰黄色。卵：扁椭圆形，长 1.5mm，初产时乳白色，渐变为黄绿至淡黄色，数粒排列成块状。幼虫：末龄体长约 25mm，略呈长方形，圆柱状。初孵化时黄色，长大后变为绿色。头黄色，甚小，常缩在前胸内。前胸盾上有 2 个横列黑斑，腹部背线蓝色。腹部第 2 至末节每节有 4 个毛瘤，其上生 1 丛刚毛，第 4 节背面的 1 对毛瘤上各有 3 ~ 6 根红色刺毛，腹部末端的 4 个毛瘤上生蓝黑色刚毛丛，呈球状；背线绿色，两侧有深蓝色点。腹面浅绿色。胸足小，无腹足，第 1 ~ 7 节腹面中部各有 1 个扁圆形吸盘。蛹：长约 15mm，椭圆形，肥大，黄褐色。包被在椭圆形棕色或暗褐色长约 16mm，似羊粪状的茧内。

【发生规律】在东北和华北地区 1 年发生 1 代，河南和长江下游地区发生 2 代，江西发生 2 或 3 代。在发生 1 代的地区，越冬幼虫于 5 月中下旬开始化蛹：6 月上中旬羽化。卵期 7 天左右。幼虫在 6 月下旬孵化，8 月为害重，8 月下旬至 9 月下旬，幼虫老熟入土结茧越冬；在发生2代区，越冬幼虫于4月下旬至5月上中旬化蛹：成虫发生期在5月下旬至6月上中旬，第1代幼虫发生期在6月末至7月，成虫发生期在8月中下旬。第2代幼虫发生在8月下旬至10月中旬，10月上旬幼虫陆续老熟，在枝干上或树干基部周围的土中结茧越冬。青刺蛾第1代幼虫出现于6月上旬至7月下旬，第2代于8月至9月上中旬。成虫夜间活动，有趋光性；白天隐伏在枝叶、草丛中或其他荫蔽物下。产卵排成块状。

【防治】参考黄刺蛾防治。

12. 扁刺蛾

【分布为害】扁刺蛾［*Thosea sinensis* (Walker)］属鳞翅目刺蛾科，别名黑点刺蛾、黑刺蛾。分布于黑龙江、吉林、辽宁、内蒙古、甘肃、青海、陕西、山西、北京、河北、河南、山东、安徽、江苏、上海、浙江、江西、福建、台湾、广东、广西、湖南、湖北、重庆、四川、云南。除为害荔枝、龙眼外，还可为害苹果、梨、李、杏、柑橘、柿、枇杷、桑、麻等50余种植物。

【形态特征】成虫：体长13 ~ 18mm，翅展28 ~ 39mm，体暗灰褐色，腹面及足色深，触角雌丝状，基部10多节呈栉齿状，雄羽状。前翅灰褐稍带紫色，中室外侧有1条明显的暗褐色斜纹，自前缘近顶角处向后缘中部倾斜；中室上角有1个黑点，雄蛾较明显。后翅暗灰褐色。卵扁椭圆形，长1.1mm，初淡黄绿，后呈灰褐色。幼虫：体长21 ~ 26mm，体扁椭圆形，背稍隆似龟背，绿色或黄绿色，背线白色、边缘蓝色；体边缘每侧有10个瘤状突起，上生刺毛，各节背面有两小丛刺毛，第4节背面两侧各有1个红点。蛹体长10 ~ 15mm，前端较肥大，近椭圆形，初乳白色，近羽化时变为黄褐色。茧：长12 ~ 16mm，椭圆形，暗褐色。

扁刺蛾成虫

扁刺蛾幼虫

【发生规律】北方年发生1代，长江下游地区2代，少数3代。均以老熟幼虫在树下3～6cm土层内结茧以前蛹越冬。1代区5月中旬开始化蛹；6月上旬开始羽化、产卵；发生期不整齐，6月中旬至8月上旬均可见初孵幼虫，8月为害最重，8月下旬开始陆续老熟入土结茧越冬。2～3代区4月中旬开始化蛹；5月中旬至6月上旬羽化。第1代幼虫发生期为5月下旬至7月中旬。第2代幼虫发生期为7月下旬至9月中旬。第3代幼虫发生期为9月上旬至10月，以末代老熟幼虫入土结茧越冬。成虫多在黄昏羽化出土，昼伏夜出，羽化后即可交配，2天后产卵；多散产于叶面上。卵期7天左右。幼虫共8龄，6龄起可食全叶，老熟多夜间下树入土结茧。2龄幼虫取食叶肉，3龄后咬食叶表皮成穿孔，5龄后大量蚕食叶片，严重时食光叶片。

【防治】

（1）挖除树基四周土壤中的虫茧，减少虫源。

（2）幼虫盛发期喷洒80%敌敌畏乳油1 200倍液、50%辛硫磷乳油1 000倍液、45%马拉硫磷乳油1 000倍液、25%亚胺硫磷乳油1 000倍液、5%S-氯氰菊酯乳油2 000倍液。

（3）提倡喷洒青虫菌6号悬浮剂1 000倍液，杀虫保叶效果好。

13. 桑褐刺蛾

桑褐刺蛾成虫

【分布为害】桑褐刺蛾［*Setora postornata* (Hampson)］属鳞翅目刺蛾科。分布于山东、河北、陕西、安徽、江苏、浙江、江西、湖南、福建、台湾、广东、广西、四川、云南。为害碧桃、樱花、桂花、山茶、桑、悬铃木、重阳木、

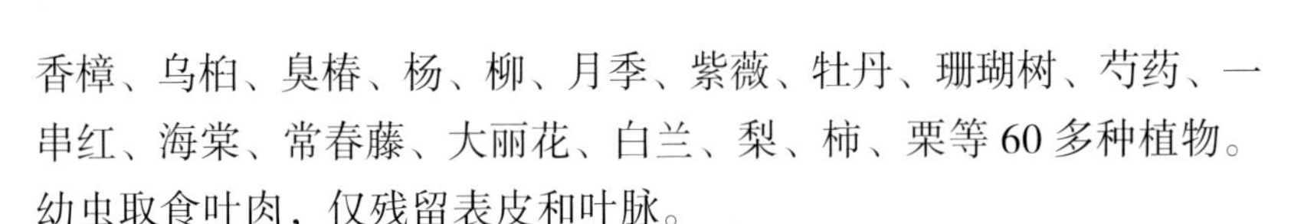


香樟、乌桕、臭椿、杨、柳、月季、紫薇、牡丹、珊瑚树、芍药、一串红、海棠、常春藤、大丽花、白兰、梨、柿、栗等60多种植物。幼虫取食叶肉，仅残留表皮和叶脉。

【形态特征】成虫：体长15～18mm，翅展31～39mm，身体土褐色至灰褐色。

桑褐刺蛾幼虫

前翅前缘近2/3处至近肩角和近臀角处，各有1条暗褐色弧形横线，两线内侧衬影状带，外横线较垂直，外衬铜斑不清晰，仅在臀角呈梯形；雌蛾斑纹较雄蛾浅。卵扁椭圆形，黄色，半透明。幼虫：体长35mm，黄色，背线天蓝色，各节在背线前后各具1对黑点，亚背线各节具1对突起，其中后胸及第1、5、8、9腹节突起最大。茧灰褐色，椭圆形。

【发生规律】年发生2～4代，以老熟幼虫在树干附近土中结茧越冬。3代成虫分别在5月下旬、7月下旬、9月上旬出现，成虫夜间活动，有趋光性，卵多成块产在叶背，每雌产卵300多粒，幼虫孵化后在叶背群集并取食叶肉，半个月后分散为害，取食叶片。老熟后入土结茧化蛹。

【防治】参考黄刺蛾防治。

14. 茶蓑蛾

【分布为害】茶蓑蛾 (*Cryptothelea minuscula* Butler)，属鳞翅目袋蛾科，又名小蓑蛾，是一种分布广泛、食性多样的害虫。主要为害月季、法桐、白蜡、红叶李、香樟、悬铃木、重阳木、三角枫、山茶及果树等植物；该虫食性杂，低龄啮食叶肉残留叶面，3龄后食叶成缺刻和孔洞，严重时常将叶片吃光，影响树木的正常生长。

【形态特征】雌虫体长10～16mm，足退化，无翅，蛆状，体乳白色，头小，褐色，腹部肥大，体壁薄，能看见腹内卵粒。雄蛾体长8～12mm，体翅暗褐色，触角呈双栉状，胸部、腹部具鳞毛。前翅翅脉两侧色略深，外缘中前方有近正方形透明斑2个。小满时节幼虫利用碎枝、碎叶、碎皮，将碎屑黏织成口袋，口袋外表似同蓑衣，基身入内，吸附在叶背，悬挂式移动着啃食叶肉。有的叶片被蛀食成若干个空洞，有的叶片被蚕食成网状。小袋蛾幼虫袋囊长约10mm。袋囊为灰褐色纺锤形。

茶蓑蛾虫囊（左）、雌成虫（中）、雄成虫（右）

【发生规律】在中原地区，小袋蛾1年发生2代，以3～4龄老熟幼虫在袋囊中悬挂在树枝上越冬，一般第1代3月下旬至4月下旬化蛹；4月中旬至5月下旬成虫羽化并交配产卵；5月上旬至6月中旬卵孵化为幼虫。第2代幼虫8月上中旬化蛹。8月下旬羽化，9月上旬幼虫孵化，一直为害至11月左右进入越冬状态。直至翌年春幼虫化蛹羽化。成虫多在下午和晚间羽化，雌虫羽化后留在袋囊内，与雄虫交配后产卵于囊内。每雌虫产卵量可达上千粒，产卵后雌虫死亡。初孵化幼虫爬出母囊后在枝叶上爬行或吐丝下垂，随风扩散，在适宜寄主上吐丝缀取叶屑或少量枝梗营建袋囊，幼虫藏于袋内取食叶片。食量与气温有关，气温越高，取食量越大。幼虫喜光，常聚梢头为害。

茶蓑蛾发生为害状

【防治】

（1）人工摘袋囊，冬季阔叶树落叶后可见到树上袋蛾的袋囊，采用人工摘除。

（2）利用袋蛾的趋光性，用黑光灯诱杀成虫。

（3）化学防治，袋蛾对敌百虫药剂较敏感，使用 90% 敌百虫晶体 1 000 倍液，可取得较好效果。20% 菊杀乳油 1 000 ~ 1 500 倍液等，喷雾时注意到树冠的顶部，并要求喷湿袋囊。

15. 大蓑蛾

【分布为害】大蓑蛾（*Cryptothelea variegata* Snellen）属鳞翅目袋蛾科，别名大袋蛾、布袋虫，是一种杂食性的害虫。分布于云南、贵州、四川、湖北、湖南、广东、广西、台湾、福建、江西、浙江、江苏、安徽、河南、山东等地。已记录的寄主植物有悬铃木、枫杨、柳、榆、柏、槐、银杏、油茶、茶树、栎、梨树、枇杷及玉米、棉花等多种林木、果树和农作物。以蔷薇科、豆科、杨柳科、胡桃科及悬铃木科植物受害最重，幼虫取食树叶、嫩枝及幼果，大发生时可将全部树叶吃光，是灾害性害虫。

大蓑蛾（左：幼虫，右：护囊）

【形态特征】成虫：体中型，雌雄异型。雌虫体长约 25mm，头小呈黄褐色，无翅，无足，触角退化；雄虫体长 18mm 左右，有翅，体黑褐色，触角双栉齿状，前翅外缘处有 4 ~ 5 个长形透明斑。卵椭圆形，淡黄色，长约 1mm。幼虫初龄时黄色，少斑纹，3 龄时能区分

1 为害状 2 雄成虫 3 雌成虫
4 雌蛹 5 幼虫 6 护囊
大蓑蛾

雌雄，雌幼虫较肥大，黑褐色，胸足发达，胸背板角质，污白色，中部有 2 条明显的棕色斑纹，体外有灰白色袋囊，故俗称布袋虫；雄幼虫较瘦小，色较淡，呈黄褐色。雌蛹体长 30mm 左右，赤褐色，似蝇蛹状，头胸附器均消失，枣红色。老熟幼虫袋囊长 40 ~ 70mm，丝质坚实，囊外附有碎叶片，也有少数枝梗。

【发生规律】1 年发生 1 代，以老熟幼虫在袋囊内越冬。每年 5 月成虫盛发并交尾产卵：6 月孵出幼虫进行为害，幼虫孵化后，吐丝作袋，取食时，头伸出，为害以 7—8 月最严重，11 月以老熟幼虫在袋囊中挂在树枝梢上越冬。成虫羽化一般在傍晚前后，雄蛾在黄昏时刻比较活跃，有趋光性，以 20:00—21:00 时诱到的雄蛾最多。幼虫昼夜取食树叶、嫩枝及幼果，以夜晚食害最凶，大发生时可将全部树叶吃光，是灾害性害虫。该虫一般在干旱年份最易猖獗成灾，6—8 月总降水量在 300mm 以下时，将会大量发生，在 500mm 以上时发生少，不易成灾。主要是降水后空气湿度大，影响幼虫的孵化并易罹病死亡。

【防治】

（1）及时清除虫源，秋、冬季树木落叶后，摘除树冠上袋蛾的越冬袋囊，集中烧毁。

（2）保护和利用昆虫天敌。大袋蛾幼虫和蛹期有各种寄生性和捕食性天敌，如：鸟类、寄生蜂、寄生蝇等，要注意保护和利用。

（3）药剂防治，采用生物制剂：在幼虫孵化高峰期（6 月上旬）或幼虫为害期（6 月上旬至 10 月上中旬），用每 1ml 含 1 亿孢子的苏

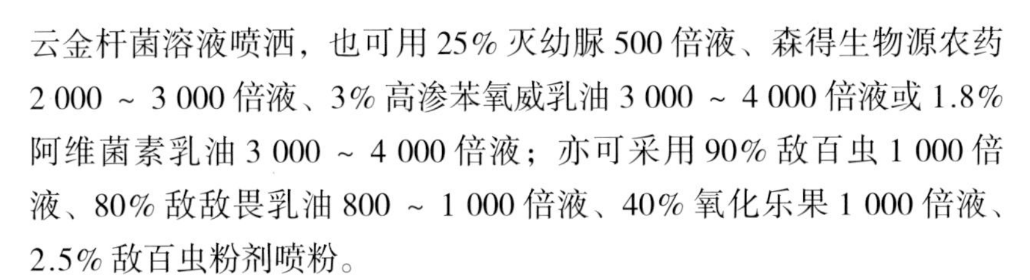

云金杆菌溶液喷洒，也可用25%灭幼脲500倍液、森得生物源农药2 000 ~ 3 000倍液、3%高渗苯氧威乳油3 000 ~ 4 000倍液或1.8%阿维菌素乳油3 000 ~ 4 000倍液；亦可采用90%敌百虫1 000倍液、80%敌敌畏乳油800 ~ 1 000倍液、40%氧化乐果1 000倍液、2.5%敌百虫粉剂喷粉。

16. 霜天蛾

【分布为害】霜天蛾［*Psilogramma menephron* (Cramer)］属鳞翅目天蛾科，别名泡桐灰天蛾。分布于华北、华南、华东、华中、西南各地。主要为害白蜡、金叶女贞和泡桐，同时也为害丁香、悬铃木、柳、梧桐等多种园林植物。幼虫取食植物叶片表皮，使受害叶片出现缺刻、孔洞，甚至将全叶吃光。

霜天蛾雄成虫

霜天蛾雌成虫

【形态特征】成虫头灰褐色，体长45 ~ 50mm，体翅暗灰色，混杂霜状白粉。翅展90 ~ 130mm。胸部背板有棕黑色似半圆形条纹，腹部背面中央及两侧各有1条灰黑色纵纹。前翅中部有2条棕黑色波状横线，中室下方有两条黑色纵纹。翅顶有1条黑色曲线。后翅棕黑色，前后翅外缘由黑白相间的小方块斑连成。卵球形，初产时绿色，渐变黄色。幼虫绿色，体长75 ~ 96mm，头部淡绿，胸部绿色，背有横排列的白色颗粒8 ~ 9排；腹部黄绿色，体侧有白色斜带7条；尾角褐绿，上面有紫褐色颗粒，长12 ~ 13mm，气门黑色，胸足黄褐色，腹足绿色。蛹红褐色，体长 50 ~ 60mm。

霜天蛾幼虫

霜天蛾卵

【发生规律】该虫害北方地区 1 年发生 1 代，成虫 6—7 月出现，以蛹在土中过冬。越冬代成虫期为 4 月上中旬至 7 月下旬，第 1 代 7 月中下旬至 9 月上中旬；第 2 代 9 月中下旬至 10 月上旬。成虫白天在树丛、枝叶、作物、杂草、房舍处隐藏，黄昏飞出活动，交尾、产卵均在夜晚，其飞翔力强，具有较强的趋光性。成虫多产卵于叶背，初孵幼虫取食叶表皮，稍大啃食叶片成缺刻、孔洞，甚至将全叶吃光。以 6—7 月为害严重，地面和叶片可见大量虫粪。10 月后，老熟幼虫入土化蛹越冬。

霜天蛾蛹

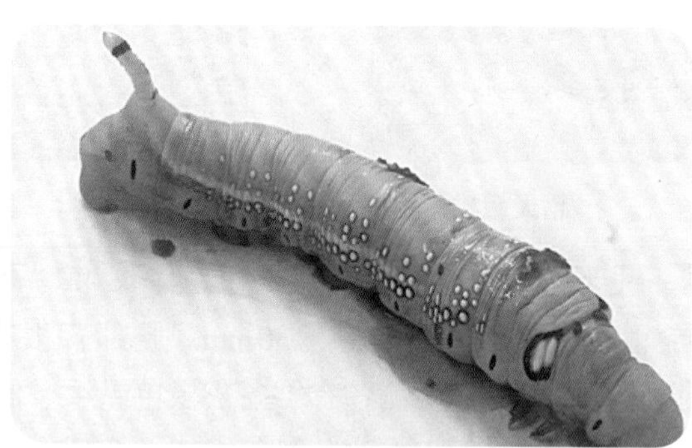
霜天蛾老熟幼虫

【防治】

（1）消灭虫源，冬季结合抚育管理，翻土，杀死越冬虫蛹。灯光诱杀成虫。

（2）保护和利用螳螂、胡蜂、茧蜂、益鸟等天敌。

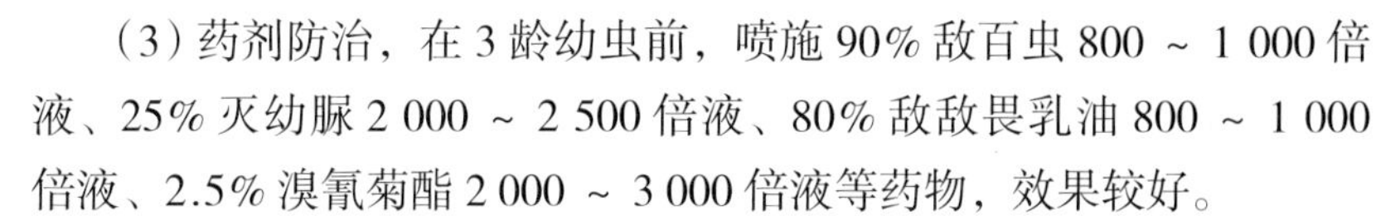

(3) 药剂防治，在 3 龄幼虫前，喷施 90% 敌百虫 800 ~ 1 000 倍液、25% 灭幼脲 2 000 ~ 2 500 倍液、80% 敌敌畏乳油 800 ~ 1 000 倍液、2.5% 溴氰菊酯 2 000 ~ 3 000 倍液等药物，效果较好。

17. 马尾松毛虫

【分布为害】马尾松毛虫 [*Dendrolimus punctatus*（Walker）] 属鳞翅目枯叶蛾科，又名松毛虫，俗称“狗毛虫”。国内分布于秦岭至淮河主流以南各省，是我国南方重要的森林害虫，主要为害马尾松、湿地松、油松、火炬松。以幼虫群集取食松树针叶，轻者常将松针食光，呈火烧状，重者致使松树生长极度衰弱，容易招引松墨天牛、松纵坑切梢小蠹、松白星象等蛀干害虫的入侵，造成松树大面积死亡。

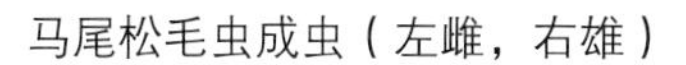

马尾松毛虫成虫（左雌，右雄）

马尾松毛虫幼虫及为害状

【形态特征】成虫：体色变化较大，有深褐、黄褐、深灰和灰白等色。体长 20 ~ 30mm，头小，下唇须突出，复眼黄绿色，雌蛾触角短栉齿状，雄蛾触角羽毛状，雌蛾翅展 60 ~ 70mm，雄蛾翅展 49 ~ 53mm。前翅较宽，外缘呈弧形弓出，翅面有 5 条深棕色横线，中间有 1 白色圆点，外横线由 8 个小黑点组成。后翅呈三角形，无斑纹，暗褐色。卵椭圆形，粉红色，在针叶上呈串状排列。幼虫在老熟期体长 60 ~ 80mm，深灰色，各节背面有橙红色或灰白色的不规则斑纹。背面有暗绿色宽纵带，两侧灰白色，第 2、3 节背面簇生蓝黑色刚毛，腹面淡黄色。蛹棕褐色，体长 20 ~ 30mm。茧长椭圆形，黄褐色，附有黑色毒毛。

【发生规律】年发生代数因地而异，河南1年2代、广东3～4代、其他省2～3代，以幼虫在针叶丛中或树皮缝隙中越冬。在浙江越冬的幼虫，4月中旬老熟，每年第1代的发生较为整齐。松毛虫繁殖力强，产卵量大，卵多成块或成串产在未曾受害的幼树针叶上。1～2龄幼虫有群集和受惊吐丝下垂的习性；3龄后受惊扰有弹跳现象；幼虫一般喜食老叶。成虫有趋光性，以20:00活动最盛。成虫、幼虫扩散迁移能力都很强，相邻的山林要注意联防联治。马尾松毛虫易大发生于海拔100～300m丘陵地区、阳坡、10年生左右密度小的马尾松纯林。各种类型混交林，均有减轻虫害作用，5月或8月，如果雨天多，湿度大，有利于松毛虫卵的孵化及初孵幼虫的生长发育，有利于大发生。

【防治】

（1）营造针阔叶混交林，改造马尾松纯林为混交林，防止强度修枝，提高林木自控能力。

（2）根据成虫趋光性，在成虫盛发期设置黑光灯诱杀。

（3）加强预测预报，狠抓越冬代防治。松毛虫越冬前和越冬后抗药性最差，是1年之中药剂防治最有利的时期，用药省、效果好。常用药剂有90%晶体敌百虫2 000倍液，2.5%敌百虫粉剂3kg/亩；超低容量喷雾可使用2.5%溴氰菊酯1ml/亩，20%氰戊菊酯或20%氯氰菊酯1.5ml/亩，50%敌敌畏油剂、25%乙酰甲胺磷乳油或杀虫净（40%敌敌畏+10%马拉硫磷）油剂，用量均为150～200ml/亩；亦可采用20%伏杀磷10ml/亩，以及20%除虫脲胶悬剂1 000倍液，即用原药7～10g。

（4）注意保护与利用天敌。在松毛虫卵期释放松毛虫赤眼蜂（*Trichogramma dendrolimi* Matsumura），每亩5万～10万头；天敌：卵期有赤眼蜂、黑卵蜂，幼虫期有红头小茧蜂、两色瘦姬蜂，幼虫和蛹期有姬蜂、寄蝇和螳螂、胡蜂、食虫鸟等捕食性天敌，以及真菌（白僵菌）、细菌（松毛虫杆菌等）、病毒等寄生。

### 18. 木橑尺蛾

【分布为害】木橑尺蛾［*Culcula panterinaria*（Bremer et Grey）］属鳞翅目尺蛾科，又名黄连木尺蠖、木橑步曲，俗称“山虫、一扫光、吊死鬼”等，是一种暴食性及杂食性害虫。分布于河南、山东、山西、四川、辽宁、河北、广西、北京、台湾等省，国外分布于日本、朝鲜。并曾在太行山麓十几个县暴发成灾。木橑尺蛾主要为害黄连木、落叶松、杨、柳、榆、刺槐、板栗、桑、桃、核桃、紫穗槐、杨树、臭椿、水杉、池杉、落羽杉、苦楝、木槿、火炬、蔷薇科、杨柳科、锦葵科、菊科、禾本科、大豆等 30 余科 170 多种植物。已成为林木果树的重要害虫，幼虫取食叶片，大发生时能将叶片吃光。

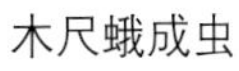

木尺蛾成虫

木尺蛾幼虫

【形态特征】成虫：体长 18 ~ 22mm，翅展 55 ~ 65mm。体黄白色。雌蛾触角丝状；雄蛾双栉状，栉齿较长并丛生纤毛。卵：长 0.9mm，扁圆形，绿色。卵块上覆有一层黄棕色绒毛，孵化前变为黑色。幼虫：老熟幼虫体长 60 ~ 80mm。幼虫的体色与寄生植物的颜色相近似，多为黄褐或黄绿色，并散生灰白色斑点。头顶中央有凹陷成棕色的“∧”形纹，前胸背板有 1 对角状突起。气门椭圆形，两侧各有 1 个白色斑点。臀板中央凹陷，后端尖削。蛹：长约 30mm，宽 8 ~ 9mm。初为翠绿色，后变为黑褐色，体表光滑，布满小刻点，头顶两侧各有 1 个耳状突起。

【发生规律】1 年发生 1 代，具有暴食性、多食性、间歇性为害特点，大发生时几天可食尽一株大树叶子，以蛹在土内越冬，翌年5月上旬开始羽化，7月中下旬为盛期，8月底为末期。成虫寿命4 ~ 12天，成虫不活泼，趋光性强，白天静伏在树干、树叶、杂草等处，容易发现。卵成块状，卵期9 ~ 10天，每头雌蛾可产卵1 000 ~ 1 500粒，甚至可达4 000粒，这是该虫大发生的基础。幼虫发生于7月上旬至9月上旬，幼虫共6龄，幼虫期40天左右。至8月中旬开始下树化蛹：末期在10月下旬。幼虫孵化后即迅速分散，很活泼，爬行快，稍受惊动，即吐丝下垂，借风力转移为害。初孵幼虫一般在叶尖取食叶肉，留下叶脉，将叶食成网状。其幼虫为害盛期在7月下旬至8月上旬。2龄以后，行动迟缓，尾足的攀援能力很强，静止时，一般利用臀足和胸足攀附在两叶或两小枝之间，和寄主构成一个三角形。由于虫体颜色和寄主颜色相似，不仔细观察，很难分辨。老熟幼虫落地时多为坠下，少数的沿树干爬行，或吐丝下垂，找土壤松软的地方化蛹。有时几个、几十个蛹聚在一起，称为“蛹巢”。其越冬与土壤有密切的关系。湿度低于5%时不利于生存，当土壤湿度在10%时最为适合。冬季缺雪、春季干旱则不利于蛹的生存。植被好，阴湿的环境有利于蛹的生存，若5月降水较多则当年幼虫的发生量大。阳坡化蛹时期较阴坡早15天左右。

【防治】

（1）园林措施。一般发生年以生态系统自控为主，结合运用园林防治措施，在越冬蛹集中的树下、堰边、树周围1 ~ 5m处土质疏松等场所，秋季进行人工刨蛹以减少虫源。

（2）灯光诱杀成虫，成虫出现期7月中下旬至8月上中旬。利用成虫趋光性，可在林缘或林中空地设诱虫灯诱杀成虫。

（3）化学防治。害虫发生期可选用80%敌敌畏乳油800 ~ 1 000倍液、BT乳剂500 ~ 800倍液，均匀喷雾，不仅可以防治此类害虫还可杀死其他害虫；害虫幼龄期在无风的晴天2.5%溴氰菊酯乳油2 000 ~ 3 000倍液、12.5%苯氧威乳油5%氟虫氰悬浮剂6000倍液，对水喷雾。

19. 春尺蠖

【分布为害】春尺蠖（*Apocheima cinerarius* Erschoff），别名桑灰尺蠖、榆尺蠖、柳尺蠖、杨尺蠖等。分布于河南、山东、河北、山西、安徽、新疆、甘肃、宁夏、内蒙古、陕西、青海、四川等地。为害沙枣、杨、柳、榆、槐、苹果、梨、核桃、沙柳等多种林、果。以幼虫为害树木幼芽、幼叶、花蕾，严重时将树叶全部吃光，此虫发生期早、幼虫发育快、食量大，常暴食成灾。轻则影响寄主生长，严重时则枝梢干枯，树势衰弱，导致蛀干害虫猖獗发生，引起林木大面积死亡。

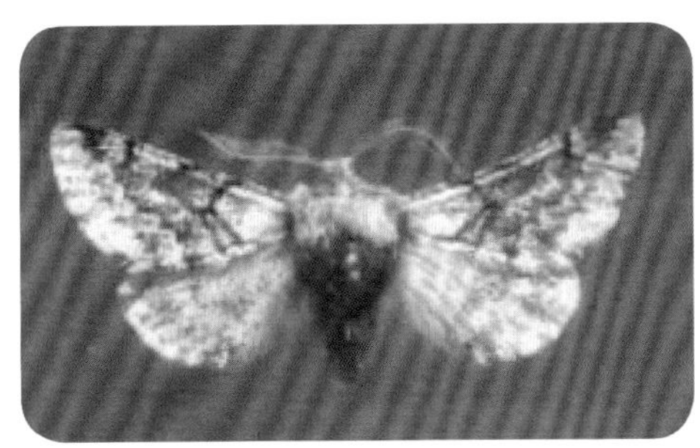
春尺蠖雄成虫

春尺蠖雌成虫

春尺蠖蛹

春尺蠖幼虫

【形态特征】成虫：雄成虫翅展 28 ~ 37mm，体灰褐色，触角羽状。前翅淡灰褐至黑褐色，有 3 条褐色波状横纹，中间 1 条常不明显。雌成虫无翅，体长 7 ~ 19mm，触角丝状，体灰褐色，腹部背面各节有数目不等的成排黑刺，刺尖端圆钝，臀板上有突起和黑刺列。因寄主不同体色差异较大，可由淡黄至灰黑色。卵：长圆形，长0.8 ~ 1mm，灰白或赭色，有珍珠样光泽，卵壳上有整齐刻纹。幼虫：老熟幼虫体长22 ~ 40mm，灰褐色。腹部第2节两侧各有1个瘤状突起，腹线白色，气门线淡黄色。蛹：灰黄褐色，臀棘分叉，雌蛹有翅的痕迹。

【发生规律】1年发生1代，以蛹在树冠下土中越夏、越冬。据河南省睢县森防站2013年监测调查，1月挖蛹时，即始见羽化成虫，2月上中旬，树上及树盘周围已有成虫活动，2月底大量成虫羽化，2月底至3月初见卵：当地表5 ~ 10cm深处温度在0℃左右时，成虫开始羽化出土。3月下旬及4月上旬幼虫孵化，4月中下旬达为害盛期，也是防治的关键时期，5月上中旬老熟幼虫入土化蛹：预蛹期4 ~ 7天，蛹期达8 ~ 9个月。

【防治】

（1）灭蛹。在其蛹越夏、越冬期间，可深翻林地，将蛹锄死或翻于地表，集中杀死。

（2）灯光诱杀雄成虫。利用雄成虫的趋光性，在有条件的地方可设置黑光灯诱杀雄蛾，并可测报虫情。

（3）阻杀无翅雌成虫。可用商丘市森农保有害生物防治有限公司研制的含有阿维菌素、灭幼脲、氟铃脲、甲维盐等高效、低毒粘虫胶带，于成虫上树前，1月下旬或2月上旬，在距树干1.2m左右的位置，绕树一周，呈下喇叭口状，成虫大量上树时要及时对黏附在胶带周围的虫子进行清理，或喷药集中杀灭，可起到良好的防治效果，且成本低，绿色环保，无公害。也可撒毒土：在树干基周围挖深、宽各约10cm环形沟，沟壁要垂直光滑，沟内撒毒土（细土1份混合杀螟硫磷1份）。涂扎阻隔毒环：20%氰戊菊酯乳油50倍液或2.5%溴氰菊酯33.3倍液，用柴油作稀释剂，将制剂在树干1m处喷闭合环。或用20%氰戊菊酯或2.5%溴氰菊酯和柴油，以1 ∶ 21配比稀释，将宽约5cm的牛皮纸浸入，取出晾干后，于上述树干高度围毒纸环。也可用宽胶带围一环，胶带环上、下喷100 ~ 200倍液的绿色威雷，这些方法对羽化后无翅雌成虫上树均有良好的毒杀效果。

（4）药剂防治。幼虫为害时，对低矮幼树可用机动喷雾器喷洒菊酯类杀虫剂 2 000 ~ 3 000 倍液或苯氧威、灭幼脲等药物防治，对高大树木，大面积发生时，可采用飞机喷雾防治。

20. 黄褐天幕毛虫

【分布为害】黄褐天幕毛虫（*Malacosoma neustria testacea* Motschulsky），别名天幕枯叶蛾。在我国除新疆和西藏外均有分布为害多种树木，包括苹果、山楂、梨、桃、杏、榛、杨、柳、榆、柞等。严重发生时可将被害树木叶片全部吃光，枯死。

黄褐天幕毛虫成虫

黄褐天幕毛虫初孵幼虫结网为害

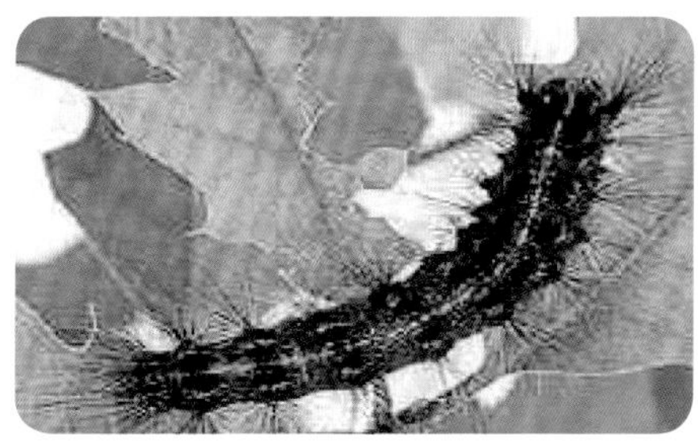

黄褐天幕毛虫

【形态特征】成虫：体长 18mm 左右，雄蛾比雌蛾略小。体和翅黄褐色，前翅中央有一横带。老龄幼虫体长约 35mm，体侧有鲜艳的蓝灰色、橘黄色和黑色纵带。背中线白色明显可见。该虫以小幼虫在卵壳内越冬。卵块戒指状，围绕于树枝上。春季幼虫钻出卵壳为害嫩叶，以后转移到枝杈处吐丝张网。1 ~ 4 龄幼虫白天群集在网幕中，晚间出来食叶片，5 龄幼虫离开网幕分散到全树暴食叶片。6 月成虫羽化。成虫有趋光性。

【发生规律】在内蒙古大兴安岭林区 1 年发生 1 代，以卵越冬，卵内已经是没有出壳的小幼虫。第二年 5 月上旬当树木发叶的时候便开始钻出卵壳，为害嫩叶，以后又转移到枝杈处吐丝张网。1 ~ 4 龄幼虫白天群集在网幕中，晚间出来取食叶片。幼虫近老熟时分散活动，此时幼虫食量大增，容易暴发成灾。即在 5 月下旬至 6 月上旬是为害盛期，同期开始陆续老熟后于叶间杂草丛中结茧化蛹。7 月为成虫盛发期，羽化成虫晚间活动，成虫羽化后即可交尾产卵：产卵于当年生小枝上。每头雌蛾一般产 1 个卵块，每个卵块有卵 146 ~ 520 粒，也有部分雌蛾产 2 个卵块。幼虫胚胎发育完成后不出卵壳即越冬。

【防治】参考美国白蛾防治。

21. 杨扇舟蛾

【分布为害】杨扇舟蛾［*Clostera anachoreta* (Fabricius)］别名杨树天社蛾。中国除新疆、贵州、广西和台湾尚无记录外，几乎遍布各地。是杨树的主要害虫，以幼虫为害杨、柳树叶片，严重时在短期内将叶吃光，出现“夏树冬景”现象，影响树木生长。

【形态特征】成虫：体长 13 ~ 20mm，翅展 28 ~ 42mm。虫体灰褐色。头顶有一个椭圆形黑斑。臀毛簇末端暗褐色。前翅灰褐色，扇形，有灰白色横带 4 条，前翅顶角处有一个暗褐色三角形大斑，顶角斑下方有一个黑色圆点。外线前半段横过顶角斑，呈斜伸的双齿形曲，外衬 2 ~ 3 个黄褐带锈红色斑点。亚端线由一列脉间黑点组成，其中以 2 ~ 3 脉间一点较大而显著。后翅灰白色，中间有一横线。卵：初产时橙红色，孵化时暗灰色，馒头形。幼虫：老熟时体长 35 ~ 40mm。头黑褐色。全身密披灰黄色长毛，体灰赭褐色，背面带淡黄绿色，每个体节两侧各有 4 个赭色小毛瘤，环形排列，其上有长毛，两侧各有一个较大的黑瘤，上面生有白色细毛一束。第 1、第 8 腹节背面中央有一枣红色大瘤，两侧各伴有一个白点。蛹：褐色，尾部有分叉的臀棘。茧：椭圆形，灰白色。

杨扇舟蛾成虫

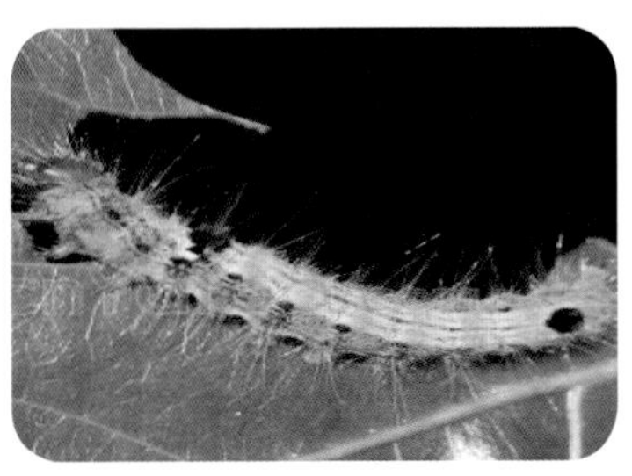
杨扇舟蛾幼虫

【发生规律】在我国，从北至南年发生 2 ~ 3 代至 8 ~ 9 代不等，在辽宁 1 年 2 ~ 3 代；华北 1 年 3 ~ 4 代；华中 1 年 5 ~ 6 代；华南 1 年 6 ~ 7 代，以蛹越冬；海南 1 年 8 ~ 9 代，整年都为害，无越冬现象。

杨扇舟蛾蛹

【防治】

（1）人工摘除群集的幼虫、卵块、蛹茧。尤其是摘除第 1 代、第 2 代卵块、幼虫，对减轻第 3 代为害起重要作用。

（2）于秋冬季节，人工捕杀林内虫蛹。

（3）可喷洒拟除菊酯类杀虫剂 2 000 ~ 2 500 倍液、25% 灭幼脲 1 000 倍液、0.3% 苦参碱 1 000 倍液或 1.8% 阿维菌素 6 000 倍液防治 3 龄以下幼虫。尤其要防治第 1 代和第 2 代幼虫，使其后代不成灾。

22. 苹掌舟蛾

【分布为害】苹掌舟蛾［*Phalera flavescens* (Bremer et Grey)］属鳞翅目舟蛾科，别名舟形毛虫。分布于北京、黑龙江、吉林、辽宁、河北、河南、山东、山西、陕西、四川、广东、云南、湖南、湖北、安徽、江苏、浙江、福建、台湾等地，为害苹果、梨、杏、桃、李、梅、樱桃、山楂、海棠等。幼虫为害叶片，受害树叶片残缺不全，或仅剩叶脉，大发生时可将全树叶片食光，造成二次开花，影响产量，危及树势。

苹掌舟蛾成虫

苹掌舟蛾成虫

【形态特征】成虫：体长 22 ~ 25mm，翅展 49 ~ 52mm，头胸部淡黄白色，腹背雄虫浅黄褐色，雌蛾土黄色，末端均淡黄色，复眼黑色球形。触角黄褐色，丝状，雌触角背面白色，雄各节两侧均有微黄色茸毛。前翅银白色，在近基部生 1 长圆形斑，外缘有 6 个椭圆形斑，横列成带状，各斑内端灰黑色，外端茶褐色，中间有黄色弧线隔开；翅中部有淡黄色波浪状线 4 条；顶角上具 2 个不明显的小黑点。后翅浅黄白色，近外缘处生一褐色横带，有些雌虫消失或不明显。卵：球形，直径约 1mm，初淡绿后变灰色。幼虫：5 龄，末龄幼虫：体长 55mm 左右，被灰黄长毛。头、前胸盾、臀板均黑色。胴部紫黑色，背线和气门线及胸足黑色，亚背线与气门上、下线紫红色。体侧气门线上下生有多个淡黄色的长毛簇。蛹：长 20 ~ 23mm，暗红褐色至黑紫色。中胸背板后缘具 9 个缺刻，腹部末节背板光滑，前缘具 7 个缺刻，腹末有臀棘 6 根，中间 2 根较大，外侧 2 个常消失。

【发生规律】苹掌舟蛾 1 年发生 1 代。以蛹在寄主根部或附近土中越冬。在树干周围半径 0.5 ~ 1m，深度 4 ~ 8cm 处数量最多。成

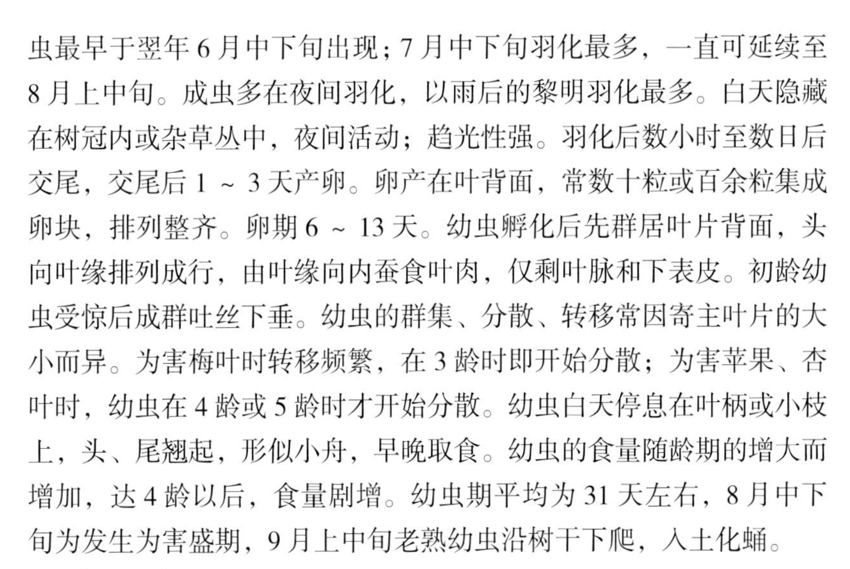

虫最早于翌年6月中下旬出现；7月中下旬羽化最多，一直可延续至8月上中旬。成虫多在夜间羽化，以雨后的黎明羽化最多。白天隐藏在树冠内或杂草丛中，夜间活动；趋光性强。羽化后数小时至数日后交尾，交尾后1 ~ 3天产卵。卵产在叶背面，常数十粒或百余粒集成卵块，排列整齐。卵期6 ~ 13天。幼虫孵化后先群居叶片背面，头向叶缘排列成行，由叶缘向内蚕食叶肉，仅剩叶脉和下表皮。初龄幼虫受惊后成群吐丝下垂。幼虫的群集、分散、转移常因寄主叶片的大小而异。为害梅叶时转移频繁，在3龄时即开始分散；为害苹果、杏叶时，幼虫在4龄或5龄时才开始分散。幼虫白天停息在叶柄或小枝上，头、尾翘起，形似小舟，早晚取食。幼虫的食量随龄期的增大而增加，达4龄以后，食量剧增。幼虫期平均为31天左右，8月中下旬为发生为害盛期，9月上中旬老熟幼虫沿树干下爬，入土化蛹。

【防治】

（1）苹掌舟蛾越冬的蛹较为集中，春季结合果园耕作，刨树盘将蛹翻出；在7月中下旬至8月上旬，幼虫尚未分散之前，巡回检查，及时剪除群居幼虫的枝和叶；幼虫扩散后，利用其受惊吐丝下垂的习性，振动有虫树枝，搜集消灭落地幼虫。

苹掌舟蛾初孵幼虫群集为害状

（2）生物防治。在卵发生期，即7月中下旬释放松毛虫赤眼蜂灭卵：效果好。卵被寄生率可达95%以上，单卵蜂是5 ~ 9头，平均为5.9头。此外，也可在幼虫期喷洒每克含300亿孢子的苏云金杆菌粉剂1 000倍液。发生量大的果园，在幼虫分散为害之前喷洒苏云金杆菌悬浮液1 000 ~ 1 500倍液，防治效果可达94% ~ 100%；使用25%灭幼脲悬浮剂1 000 ~ 2 000倍液，防治效果达86.1% ~ 93.3%，但作用效果缓慢，到蜕皮时才表现出较高的死亡率；苹掌舟蛾的寄生性天敌有日本追寄蝇（*Exorista japonica* Townsend）和家蚕追寄蝇（*Exorista sorbillans*

Wiedemann)、松毛虫赤眼蜂。

（3）药剂防治。48% 毒死蜱乳油 1 500 倍液、90% 敌百虫晶体 800 倍液、50% 杀螟硫磷乳油 1 000 倍液。

23. 斜纹夜蛾

【分布为害】斜纹夜蛾［*Spodoptera Litura*（Fabricius）］属鳞翅目夜蛾科，又名莲纹夜蛾，俗称夜盗虫、乌头虫等。世界性分布，国内各地都有发生，主要发生在长江流域、黄河流域，为害山茶、木槿、荷花、睡莲、菊花、月季、牡丹、扶桑、绣球等园林植物，初孵幼虫群集叶背取食表皮和叶肉，仅留下叶脉和上表皮。

斜纹夜蛾成虫

【形态特征】成虫：体长 14 ~ 20mm，翅展 35 ~ 46mm，体暗褐色，胸部背面有白色丛毛，前翅灰褐色，花纹多，内横线和外横线白色、呈波浪状、中间有明显的白色斜阔带纹，所以称斜纹夜蛾。卵：扁平的半球状，初产黄白色，后变为暗灰色，块状黏合在一起，上覆黄褐色绒毛。幼虫：体长 33 ~ 50 mm，头部黑褐色，胸部多变，从土黄色到黑绿色都有，体表散生小白点，冬节有近似三角形的半月黑斑一对。蛹：长 15 ~ 20mm，圆筒形，红褐色，尾部有一对短刺。

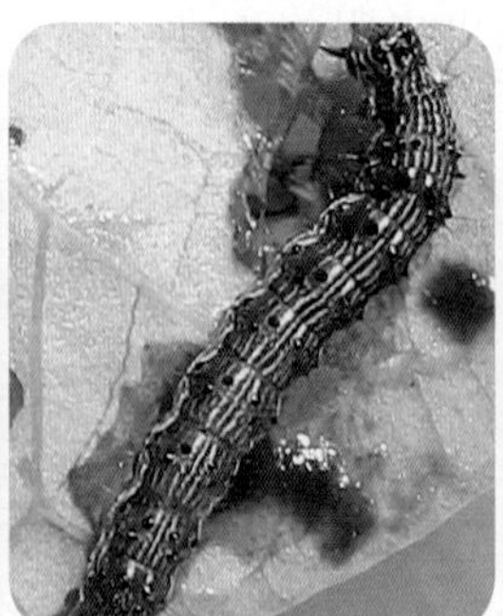

斜纹夜蛾幼虫

斜纹夜蛾蛹

【发生规律】中国从北至南1年发生4 ~ 9代，华中、华东1年发生5 ~ 7代，以蛹在土中蛹室内越冬，少数以老熟幼虫在土缝、枯叶、杂草中越冬。南方冬季无休眠现象。黄河流域多在8—9月大发生，发育最适温度为28 ~ 30℃，不耐低温，长江以北地区大都不能越冬。各地发生期的迹象表明此虫有长距离迁飞的可能。成虫具趋光和趋化性。卵多产于叶片背面。幼虫共6龄，有假死性。4龄后进入暴食期，猖獗时可吃尽大面积寄主植物叶片，并迁徙他处为害。

【防治】

（1）清除杂草，收获后翻耕晒土或灌水，以破坏或恶化其化蛹场所，有助于减少虫源。结合管理随手摘除卵块和群集为害的初孵幼虫，以减少虫源。

（2）利用成虫趋光性，于盛发期用黑光灯诱杀；利用成虫趋化性，配糖醋液（糖：醋：酒：水=3 ：4 ：1 ：2）加少量敌百虫诱蛾；柳枝蘸洒500倍液敌百虫诱杀蛾子。

（3）挑治或全面治，交替喷施20%氰戊菊酯乳油4 000 ~ 6 000倍液、20%氰·马或菊·马乳油2 000 ~ 3 000倍液、2.5%氯氟氰菊酯1300 ~ 2 500倍液、2.5%联苯菊酯乳油4 000 ~ 5 000倍液、20%甲氰菊酯乳油3 000倍液、80%敌敌畏1 000倍液、25%灭幼脲2 000倍液、25%马拉硫磷1 000倍液、5%氟虫脲或5%氟苯脲2 000 ~ 3 000倍液，2 ~ 3次，隔7 ~ 10天1次，喷匀喷足。

24. 臭椿皮蛾

【分布为害】臭椿皮蛾[*Eligma narcissus*（Cramer，1775）]属鳞翅目夜蛾科旋夜蛾属，又叫椿皮灯蛾，分布于浙江、江苏、上海、河北、云南、山东、河南、四川、福建、湖北、湖南、陕西、贵州、甘肃等地。主要为害臭椿、香椿、红椿、桃和李等园林观赏树木。以幼虫为

臭椿皮蛾幼虫

害臭椿以及臭椿的变种红叶椿、千头椿等植物的叶片，造成缺刻、孔洞或将叶片吃光。

【形态特征】成虫：体长 26 ~ 28mm，翅展 67 ~ 80mm，头及胸部为褐色，腹面橙黄色。前翅狭长，翅的中间近前方自基部至翅顶有 1 条白色纵带，把翅分为两部分，前半部灰黑色，后半部黑褐色，足黄色。

幼虫：老熟时体长 48mm 左右，橙黄色。腹面淡黄色，头部深黄色。各节背面有一条黑纹，沿黑纹处有突起瘤，上生灰白色长毛。蛹：长 26mm 左右，宽 8mm 左右，扁纺锤形，红褐色。茧：长扁圆形，土黄色，似树皮，质地薄。

【发生规律】1 年发生 2 代，以包在薄茧中的蛹在树枝、树干上越冬。次年 4 月中下旬 ( 臭椿树展叶时 )，成虫羽化，有趋光性，交尾后将卵分散产在叶片背面。卵块状，一雌可产卵 100 多粒，卵期 4 ~ 5 天。5 —6 月幼虫孵化为害，喜食幼嫩叶片，1 ~ 3 龄幼虫群集为害，4 龄后分散在叶背取食，受到震动容易坠落和脱毛。幼虫老熟后，爬到树干咬取枝上嫩皮和吐丝粘连，结成丝质的灰色薄茧化蛹。茧多紧附在 2 ~ 3 年生的幼树枝干上，极似书皮的隆起部分，幼虫在化蛹前在茧内常利用腹节间的齿列摩擦茧壳，发出嚓嚓的声音，持续 4 天左右。蛹期 15 天左右。7 月第 1 代成虫出现，8 月上旬第 2 代幼虫孵化为害，严重时将叶吃光。9 月中下旬幼虫在枝干上化蛹作茧越冬。

臭椿皮蛾成虫

臭椿皮蛾蛹

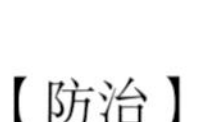

【防治】

（1）于冬春季在树枝、树干上寻茧灭蛹。

（2）检查树下的虫粪及树上的被害状，发现幼虫人工震动枝条捕杀。

（3）幼虫期可用 20% 甲氰菊酯乳油 2 000 倍液、2.5% 氯氟氰菊酯乳油 2 000 倍液、2.5% 溴氰菊酯乳油 2 000 倍液等喷洒防治，还可推广使用一些低毒、无污染农药及生物农药，如阿维菌素、BT 乳剂等。

（4）灯光诱杀成虫。

25. 盗毒蛾

【分布为害】盗毒蛾［*Porthesia similis* (Füeszly) ］属鳞翅目毒蛾科盗毒蛾属，别名：梅金毛虫、桑斑褐毒蛾、纹白毒蛾、桑毛虫、金毛虫、桑毒蛾、黄尾毒蛾等。分布于江苏、浙江、江西、上海、山东、台湾、内蒙古、青海、河北、广西，湖北、湖南等地区。为害悬铃木、红叶石楠、紫藤、梅花、桂花、柳、蔷薇、金银花、桃等植物。以幼虫为害嫩芽、叶片，使叶片残缺不全，严重影响植株正常生长和发育。

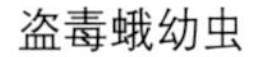

盗毒蛾幼虫

盗毒蛾成虫（左雄，右雌）

【形态特征】成虫：雄成虫：体长 12 ~ 18mm，翅展 30 ~ 40mm。雌成虫：体长 35 ~ 45mm。头、胸、腹部基部白色微带黄色，腹部其余部分和肛毛簇黄色；触角白色，栉齿棕黄色；前后翅均为白色；前翅后缘有 2 个褐色斑，有的个体内侧的 1 个褐色斑不明显；前、后翅反面也为白色，前翅前缘黑褐色。腹部末端有橙黄色毛。卵：扁圆形，灰黄色，中央凹陷，长0.6 ~ 0.7mm，排列成块，形成表面覆有黄色绒毛的卵块，呈椭圆形或带条形，大小不一，每个卵块有200 ~ 300个卵。幼虫：体长25 ~ 40mm。第1、2腹节宽，头部褐黑色，有光泽，体黑褐色，前胸背板黄色，上有2条黑色 纵线，体背面有1条橙黄色带，此带在第1、2、8腹节中断，带中央贯穿1条红褐色间断的线。亚背线白色，气门下线红黄色。前胸背面两侧各有1个向前突出的红色瘤，瘤上生黑色长毛束和白褐色短毛，其余各节背瘤黑色，上生黑褐色长毛和白色羽状毛，第5、6节瘤橙红色，上生黑褐色长毛；腹部第1、2节各有1对愈合的黑色瘤，上生白色羽状毛和黑褐色长毛；第9腹节上的瘤橙色，上生黑褐色长毛。蛹：体长12 ~ 16mm，长圆筒形，黄褐色，体被黄褐色绒毛。腹部背面第1 ~ 3节各有4个横列的瘤。茧：椭圆形，淡褐色，茧外附有少量褐色长毛。

【发生规律】在华北，1年发生2代，以三龄幼虫在树皮缝隙或枯枝落叶层内越冬；翌春4月下旬开始为害嫩芽；6月中旬化蛹；6月下旬成虫出现；7月下旬至8月上旬第2代成虫出现，10月初进入越冬状态。成虫夜间活动，产卵在叶背或枝干上；每一卵块有卵100 ~ 600粒，卵块表面被有黄色绒毛。幼虫孵化后，群集在叶背取食；二龄以后分散为害；越冬幼虫有结网群居习性。

【防治】

（1）人工防治。冬春季节刮除粗老树皮，清除枯枝落叶，消除越冬幼虫。

（2）药剂防治。幼虫发生期，喷施40%毒死蜱乳油1 000 ~ 1 500倍液或5%吡虫啉乳剂1 000 ~ 1 500倍液喷雾防治。

26. 红缘灯蛾

【分布为害】红缘灯蛾［*Aloa lactinea* (Cramer)］，别名红袖灯蛾、红边灯蛾，在中国各地均有分布，以中国东部地区、辽宁以南较多。幼虫多食性，啃食寄主植物的茎、花、果实，严重时将叶、花等全部吃光，仅留叶脉、花柄。为害千日红、百日草、菊花、鸡冠花、牛皮菜、凤尾兰、紫穗槐、梅花、木槿、连翘、乌桕、悬铃木、青冈栎、红椿、柳树、槐树、柑橘、苹果、柿、桑、向日葵等109种植物。除中国以外，主要分布朝鲜半岛、日本、爪哇岛、苏门答腊岛、印度、斯里兰卡及缅甸等地。

红缘灯蛾雄成虫

红缘灯蛾雌成虫

【形态特征】成虫：翅展雄46 ~ 56mm，雌52 ~ 64mm。体长18 ~ 20mm。体、翅白色，前翅前缘及颈板端部红色，腹部背面除基节及肛毛簇外橙黄色，并有黑色横带，侧面具黑纵带，亚侧面1列黑点，腹面白色。触角线状黑色。前翅中室上角常具黑点；后翅横脉纹常为黑色新月形纹，亚端点黑色，1 ~ 4个或无。卵：半球形，直径0.79mm；卵壳表面自顶部向周缘有放射状纵纹；初产黄白色，有光泽，后渐变为灰黄色至暗灰色。幼虫：体长40mm左右，头黄褐色，胴部深褐或黑色，全身密披红褐色或黑色长毛，胸足黑色，腹足红色，体侧具1列红点，背线、亚背线、气门下线由1列黑点组成；气门红色。幼龄幼虫：体色灰黄。蛹：长22 ~ 26mm，胸部宽9 ~ 10mm，黑褐色，有光泽，有臀刺10根。

红缘灯蛾卵

【发生规律】中国东部地区、辽宁以南发生较多，河北 1 年发生 1 代，江苏南通 1 年 2 代，南京 3 代，均以蛹越冬。翌年 5—6 月开始羽化，成虫日伏夜出，趋光性强，飞翔力弱。幼虫孵化后群集为害，3 龄后分散为害。幼虫行动敏捷。老熟后入浅土或于落叶等被覆物内结茧化蛹。成虫不需补充营养即可产卵：多于夜间成块产于上中部叶片背面，可达数百粒。卵期 6 ~ 8 天，幼虫期 27 ~ 28 天，成虫寿命 5 ~ 7 天。

红缘灯蛾幼虫

红缘灯蛾中龄幼虫

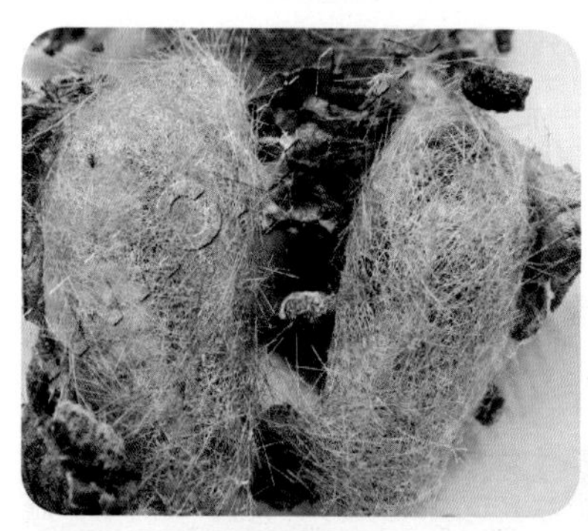

红缘灯蛾茧

红缘灯蛾蛹

【防治】

（1）无公害防治。于成虫羽化盛期可用黑光灯诱杀成虫；其虫体较大可于幼虫扩散后，戴上胶手套，人工捉捕，连续捕捉 2 ~ 3 次；红缘灯蛾发生严重地区，于 4—5 月发动群众到公路两侧、渠沟等种有柳树、紫穗槐的树下或附近沟坡处挖蛹可减低虫口基数。

（2）在幼虫扩散为害前。可喷洒 90% 晶体敌百虫 1 000 ~ 2 000 倍液或用 48% 毒死蜱乳油 1 000 ~ 1 500 倍液；或使用菊酯类农药对水均匀喷雾，如 5% S– 氰戊菊酯乳油、2.5% 高效氯氟氰菊酯乳油、2.5% 溴氰菊酯乳油 2 000 ~ 3 000 倍液喷雾。

（3）幼虫为害果穗时，可用每克含 100 亿的青虫菌原粉，向雌穗上抖撒或对水喷洒，同时可兼治穗上的棉铃虫、玉米螟、黏虫等。

27. 蓝目天蛾

【分布为害】蓝目天蛾（*Smerinthus planus* Walker），又称眼纹天蛾、柳天蛾、蓝目灰天蛾属鳞翅目天蛾科六点天蛾属的一种昆虫。分布于河南及东北、西北、华北各地。为害杨、柳、梅花、桃、樱花等。幼虫取食叶片为害，初龄幼虫啃食叶片成缺刻、孔洞，5 龄幼虫将叶片吃光，仅剩枝干。严重影响植株的生长。

【形态特征】成虫：翅展 85 ~ 92mm。体、翅黄褐色，胸部背面中央有 1 个深褐色大斑；前翅外缘翅脉间内陷成浅锯齿状，缘毛极短；亚外缘线、外横线、内横线深褐色；肾形纹灰白色；基线较细、弯曲；外横线、内横线下段被灰白色剑状纹切断。后翅淡黄褐色，中央有 1 个大蓝目形斑，斑外有 1 个灰白色圈，外围蓝黑色，斑上方为粉红色。卵：椭圆形，长径约 1.8mm，黄绿色。

蓝目天蛾成虫

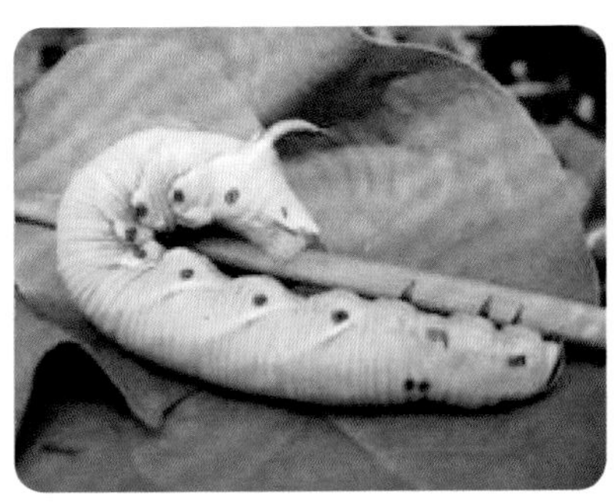

蓝目天蛾幼虫

幼虫：老熟幼虫：体长 70 ~ 80mm；头较小，绿色，近三角形，两侧淡黄色；胸部青绿色，各节有较细的横褶，前胸有6个横向排列的颗粒状突起，中胸有4个小杯状突起，每“杯”上端左右各有1个大的颗粒状突起，后胸有6个杯状突起，每“杯”上端各有1个大的颗粒状突起；腹部黄绿色，1～8节两侧有淡黄色斜纹，最后1条直达尾角。气门淡黄色，围气门片黑色，前方有1块紫色斑。胸足褐色，腹足绿色。蛹：长28～35mm，暗褐色，翅芽短，端部伸达第三腹节的2/3处。

【发生规律】在长江流域1年发生4代，以蛹在植株根际土壤中越冬。越冬成虫于次年4月中旬至5月上旬羽化。在北方1年发生2代，以蛹在土内越冬，第1代成虫期在4月下旬至5月中旬，第2代7月下旬至8月中旬，幼虫期第1代在5月至7月上旬，第2代在7—9月。成虫有明显的趋光性，夜出活动，交配、产卵：卵产于叶背或枝干上，单产或数十粒成堆，每雌产卵数为200～600粒，初孵幼虫先吃去大半卵壳，后爬至较嫩叶片，将叶吃成缺刻孔洞，5龄后食量大而为害重，将叶吃尽仅留光枝，老熟幼虫化蛹前2～3天，背呈暗红色，即从树上往下爬，钻入根际土地中作蛹室后蜕皮化蛹越冬。

【防治】

（1）利用黑光灯诱杀成虫。

（2）捕捉幼虫。天蛾幼虫：体较大，地面也易于发现其虫粪，酌情人工捕杀幼虫，可收到一定效果。

（3）结合翻耕等清除越冬蛹或幼虫，于土室内越冬的蛹或幼虫，当土室被破坏后，死亡率很高，可酌情采用。

（4）于幼虫3龄前，可用20%氰戊菊酯2 000倍液、1%苦参碱可溶性液剂1 000倍液、4.5%高效氯氟氰菊酯1 000倍液、25%灭幼脲1 000倍液、80%敌敌畏1 000倍液、2.5%溴氰菊酯5 000～8 000倍液喷雾防治。

28. 柿星尺蠖

【分布为害】柿星尺蠖（*Percnia giraffata* Guenée）属鳞翅目尺蛾

科。分布于河北、河南、山西、山东、四川、安徽、台湾等省。为害柿、核桃、苹果、梨、黑枣、李、杏、山楂、酸枣、杨、柳、榆、槐等林木。初孵幼虫啃食背面叶肉，并不把叶吃透形成孔洞，幼虫长大后分散为害将叶片吃光，或吃成大缺口。影响树势，造成严重减产。

【形态特征】成虫：体长约25mm，翅展75mm左右，体黄翅白色，复眼黑色，触角黑褐色，雌丝状，雄短羽状。胸部背面有4个黑斑呈梯形排列。前后翅分布有大小不等的灰黑色斑点，外缘较密，中室处各有一个近圆形较大斑点。腹部金黄色，各节背面两侧各有1个灰褐色斑纹。卵椭圆形，初翠绿，孵化前黑褐色，数十粒成块状。幼虫：体长55mm左右，头黄褐色并有许多白色颗粒状突起。背线呈暗褐色宽带，两侧为黄色宽带，上有不规则黑色曲线。胴部第3、第4节显著膨大，其背面有椭圆形黑色眼状斑2个，斑外各具1月牙形黑纹。腹足和臀足各1对黄色，趾钩双序纵带。蛹：棕褐色至黑褐色，长25mm左右，胸背两侧各有1个耳状突起，由1条横脊线相连，与胸背纵隆线呈十字形，尾端有1个刺状臀棘。

柿星尺蠖成虫

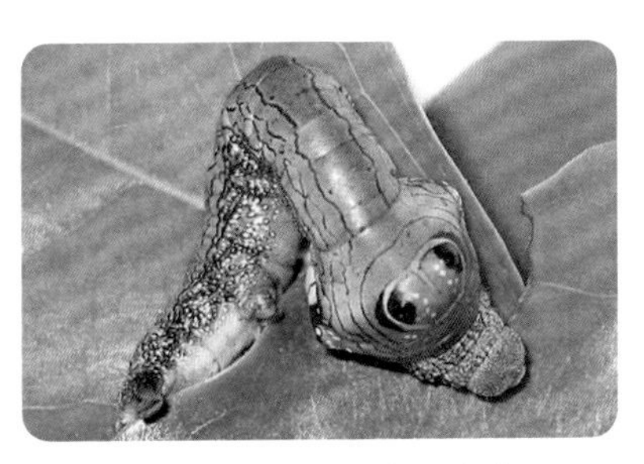

柿星尺蠖幼虫取食为害状

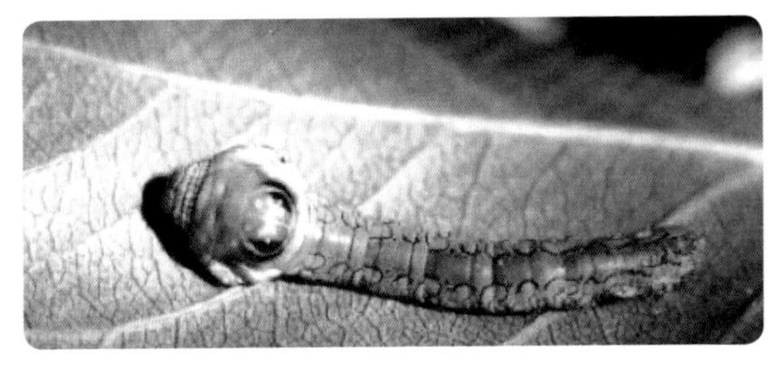

柿星尺蠖幼虫

【发生规律】华北1年发生2代，以蛹在土中越冬，越冬场所不同羽化时期也不同，一般越冬代成虫羽化期为5月下旬至7月下旬，盛期6月下旬至7月上旬；第1代成虫羽化期为7月下旬至9月中旬，盛期8月中下旬。成虫昼伏夜出，有趋光性。成虫寿命10天左右，每雌产卵200～600粒，多者达千余粒，卵期8天左右。第1代幼虫盛于7月中下旬。第2代幼虫为害盛期在9月上中旬。刚孵幼虫群集为害稍大分散为害。幼虫期28天左右，多在寄主附近潮湿疏松土中化蛹：非越冬蛹期15天左右。第2代幼虫9月上旬开始陆续老熟入土化蛹越冬。爬行时身体向上拱起，然后再拉开，类似于用尺子量长度，故名为尺蠖。主要是幼虫咬食树叶及幼茎，造成植株枯萎，直至死亡。

【防治】

（1）越冬前或早春在树下或堰根等处刨蛹。

（2）幼虫发生时，猛力摇晃或敲打树干，幼虫受惊坠落而下，可扑杀幼虫。

（3）幼虫发生初期，可喷洒25%灭幼脲悬浮剂1 500～2 000倍液、4.5%高效氯氰菊酯1 500～2 500倍液、20%甲氰菊酯乳油2 000～3 000倍液、5%高效氰戊菊酯乳油2 000～3 000倍液、37%氯马乳油1 500～2 000倍液、2.5%氯氟氰菊酯乳油3 000倍液。喷药周到细致，防治效果可达95%～100%。

（4）最好使用生物制剂，如低龄幼虫可喷洒BT乳油300倍液，高龄幼虫可用核角体病毒制剂。

29. 金纹细蛾

【分布为害】金纹细蛾（*Phyllonorycter ringoniella* Matsumura），属鳞翅目细蛾科。分布于辽宁、河北、河南、山东、山西、陕西、甘肃、安徽、江苏等省。为害苹果、沙果、海棠、山定子、山楂、梨、桃、杨、樱桃等，以为害苹果类果树为主，近些年有日趋发展严重之势，可造成严重灾害，7月下旬叶片即大量脱落。

【形态特征】成虫：体长约2.5mm，体金黄色。前翅狭长，黄褐色，翅端前缘及后缘各有 3 条白色和褐色相间的放射状条纹。后翅尖细，有长缘毛。卵：扁椭圆形，长约 0.3mm，乳白色。幼虫：老熟幼虫：体长约 6mm，扁纺锤形，黄色，腹足 3 对。蛹：体长约 4mm，黄褐色。翅、触角、第三对足先端裸露。

金纹细蛾成虫

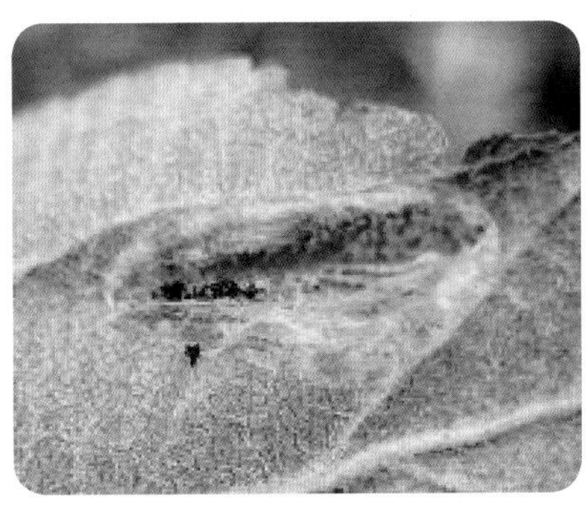
金纹细蛾幼虫

【发生规律】1 年发生 4 ~ 5 代。以蛹在被害的落叶内过冬。第二年 3—4 月苹果发芽开绽期为越冬代成虫羽化期。成虫喜欢在早晨或傍晚围绕树干附近飞舞，进行交配、产卵活动。其产卵部位多集中在发芽早的苹果品种上。卵多产在幼嫩叶片背面绒毛下，卵单粒散产，卵期 7 ~ 10 天，多则 11 ~ 13 天。幼虫孵化后从卵底直接钻入叶片中，潜食叶肉，致使叶背被害部位仅剩下表皮，叶背面表皮鼓起皱缩，外观呈泡囊状，泡囊约有黄豆粒大小，幼虫潜伏其中，被害部内有黑色粪便。老熟后，就在虫斑内化蛹。成虫羽化时，蛹壳一半露在表皮之外，极易识别。8 月是全年中为害最严重的时期，如果一片叶有 10 ~ 12 个斑时，此叶不久必落。各代成虫发生盛期如下：越冬代 4 月中下旬；第 1 代 6 月上中旬；第 2 代 7 月中旬；第 3 代 8 月中旬；第 4 代 9 月下旬。金纹细蛾的发生与品种和树体小气候密切相关。

【防治】

（1）严格清园 。冬春扫净落叶，焚烧或深埋，是防治关键措施。凡彻底扫净的，次年发生甚轻。

（2）诱蛾测报。做法是将金纹细蛾性诱剂诱芯用细铁丝缚住，挂于树上，高度过 1.3 ~ 1.5m。诱芯外套 1 玻璃罐头瓶，瓶内装清水，加少量洗衣粉，液面距诱芯 1cm 左右。每罐控制面积 1 亩左右。每隔 1 天定时检查诱到成虫数量，记载，捞出死蛾。遇雨及时倒出多余水分；干燥时补足液面，及时更换清水，诱芯 1 个月更新 1 个。蛾高峰后 7 天喷药防治。

（3）药剂防治。发生严重的果园应重点抓第 1、2 代幼虫防治。药剂可选喷射 5% 灭幼脲胶悬剂 1 500 ~ 2 000 倍液、20% 除虫脲悬浮剂 3 000 ~ 6 000 倍液、20% 氟幼脲胶悬剂 4 000 ~ 8 000 倍液，效果甚佳。5% 定虫隆乳油 2 000 ~ 3 000 倍液、10% 醚菊酯悬浮剂 2 000 ~ 3 000 倍液均匀喷雾。还可选 28% 硫氰乳油 1 500 ~ 2 000 倍液、2.5% 氯氟氰菊酯乳油 1 500 ~ 2 000 倍液、50% 杀螟硫磷乳油 1 000 ~ 1 500 倍液，或用 40% 水胺硫磷乳油 1 000 ~ 1 500 倍液喷雾。

### 30. 樗蚕

樗蚕成虫

【分布为害】樗蚕［*Philosamia cynthia* Walker et Felder］属鳞翅目大蚕蛾科蓖麻蚕属。分布于辽宁、北京、河北、山东、安徽、江苏、上海、浙江、江西、福建、台湾、广东、海南、广西、湖南、湖北、贵州、四川、云南等地。为害核桃、石榴、柑橘、蓖麻、花椒、臭椿（樗）、乌桕、银杏、紫薇、马桂木、喜树、白兰花、槐、柳等。幼虫食叶和嫩芽，轻者食叶成缺刻或孔洞，严重时把叶片吃光。

【形态特征】成虫：体长 25 ~ 30 mm，翅展 110 ~ 130 mm。体青褐色。头部四周、颈板前端、前胸后缘、腹部背面、侧线及末端都为白色。腹部背面各节有白色斑纹 6 对，其中间有断续的白纵线。前翅褐色，前翅顶角后缘呈钝钩状，顶角圆而突出，粉紫色，具有黑色眼状斑，斑的上边为白色弧形。前后翅中央各有一个较大的新月形斑，新月形斑上缘深褐色，中间半透明，下缘土黄色；外侧具一条纵贯全翅的宽带，宽带中间粉红色、外侧白色、内侧深褐色、基角褐色，其边缘有一条白色曲纹。卵：灰白色或淡黄白色，有少数暗斑点，扁椭圆形，长约 1.5mm。幼虫：幼龄幼虫淡黄色，有黑色斑点。中龄后全体被白粉，青绿色。老熟幼虫：体长 55 ~ 75mm。体粗大，头部、前胸、中胸对称蓝绿色棘状突起，此突起略向后倾斜。亚背线上的比其他两排更大，突起之间有黑色小点。气门筛淡黄色，围气门片黑色。胸足黄色，腹足青绿色，端部黄色。

樗蚕幼虫

樗蚕老熟幼虫结茧

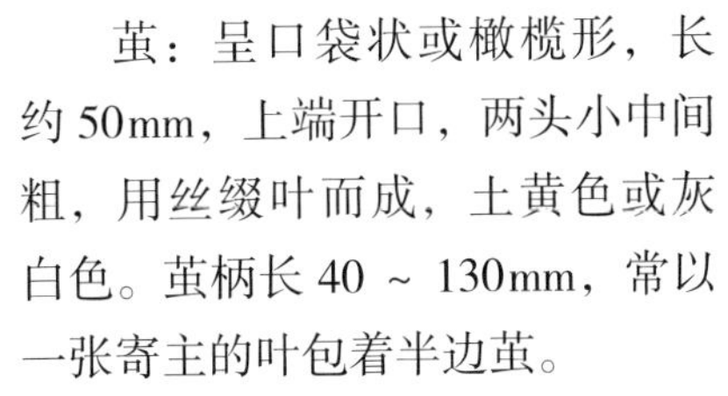

茧：呈口袋状或橄榄形，长约 50mm，上端开口，两头小中间粗，用丝缀叶而成，土黄色或灰白色。茧柄长 40 ~ 130mm，常以一张寄主的叶包着半边茧。

蛹：棕褐色，长 26 ~ 30mm，宽 14mm。椭圆形，体上多横皱纹。

樗蚕（左：茧壳；右：蛹）

【发生规律】北方年发生 1 ~ 2 代，南方年发生 2 ~ 3 代，以蛹越冬。在四川越冬蛹于 4 月下旬开始羽化为成虫，成虫有趋光性，并有远距离飞行能力，飞行可达

3 000m 以上。羽化出的成虫当即进行交配。雌蛾性引诱力甚强，未交配过的雌蛾置于室内笼中连续引诱雄蛾，雌蛾剪去双翅后能促进交配，而室内饲养出的成虫不易交配。成虫寿命 5 ~ 10 天。卵产在寄主的叶背和叶面上，聚集成堆或成块状，每雌产卵 300 粒左右，卵历期 10 ~ 15 天。初孵幼虫有群集习性，3 ~ 4 龄后逐渐分散为害。在枝叶上由下而上，昼夜取食，并可迁移。第 1 代幼虫在 5 月为害，幼虫历期 30 天左右。幼虫蜕皮后常将所蜕之皮食尽或仅留少许。幼虫老熟后即在树上缀叶结茧，树上无叶时，则下树在地被物上结褐色粗茧化蛹。第 2 代茧期 50 多天，7 月底 8 月初是第 1 代成虫羽化产卵时间。9—11 月为第 2 代幼虫为害期，以后陆续作茧化蛹越冬，第 2 代越冬茧，长达 5 ~ 6 个月，蛹藏于厚茧中。越冬代常在柑橘、石榴等枝条密集的灌木丛的细枝上结茧，一株石榴或柑橘树上，严重时常能采到 30 ~ 40 个越冬茧。

【防治】

（1）人工捕捉。成虫产卵或幼虫结茧后，可组织人力摘除，也可直接捕杀，摘下的茧可用于巢丝和榨油。

（2）灯光诱杀。成虫有趋光性，掌握好各代成虫的羽化期，适时用黑光灯进行诱杀，可收到良好的治虫效果。

（3）药剂防治。幼虫为害初期，可用 3% 高渗苯氧威 3 000 倍液、25% 甲萘威可湿性粉剂 400 ~ 600 倍液或 90% 敌百虫 1 000 倍液；也可用 20% 敌敌畏熏烟剂，每亩 0.5 ~ 0.7kg，防治幼龄幼虫效果很好。还可用除虫菊剂或鱼藤精等进行防治。

（4）生物防治。现已发现樗蚕幼虫的天敌有绒茧蜂和喜马拉雅聚瘤姬蜂、稻包虫黑瘤姬蜂、樗蚕黑点瘤姬蜂三种姬蜂。对这些天敌应很好地加以保护和利用。

31. 刚竹毒蛾

【分布为害】刚竹毒蛾（*Pantana phyllostachysae* Chao）属鳞翅目毒蛾科竹毒蛾属。分布于浙江、福建、江西、湖南、广西、贵州、四川等。为害毛竹、慈竹、白夹竹、寿竹等。

【形态特征】成虫：雌成虫：体长 13 mm，翅展约 36 mm。体灰白色，复眼黑色，下唇区黄色或黄白色，触角栉齿状，灰黑色。胫板和刚毛簇淡黄色。前翅淡黄色，前缘基半部边缘黑褐色，横脉纹为 1 个黄褐色斑，翅后缘接近中央有 1 个橙红色斑，缘毛浅黄色。后翅淡白色，半透明。雄蛾与雌蛾相似，但体色较深，翅展约 32 mm。触角羽毛状。前翅浅黄色，前缘基部边缘黄褐色，内缘近中央有 1 个橙黄色斑，后翅淡黄色，后缘色较深，前后翅反面淡黄色。足浅黄色，后足胫节有 1 对距。

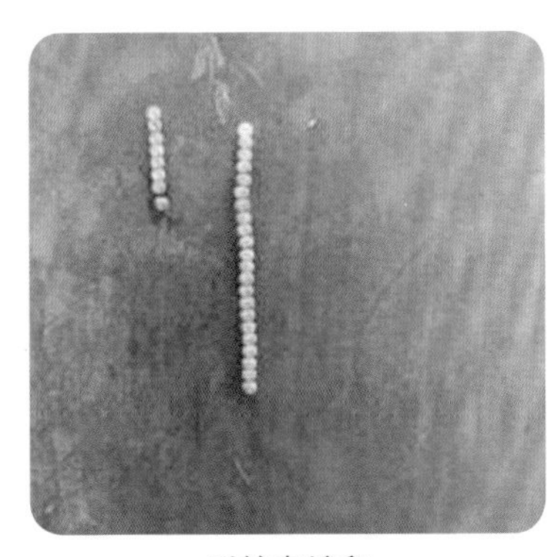

刚竹毒蛾卵

刚竹毒蛾幼虫

刚竹毒蛾成虫

卵：鼓形，边缘略隆，中间略凹。白色，具光泽。直径约 1 mm，高约 0.9 mm。

幼虫：初孵幼虫长 2～3mm，灰黑色，老熟幼虫：体长 20 ～ 22 mm，淡黄色。具长短不一的毛，呈丛状或刷状。前胸背面两侧各有 1 束向前伸的灰黑色丛状长毛，1 ～ 4 节腹部背面中央有 4 簇橘黄色刷状毛，第 8 腹节背面中央有 1 簇橘黄色刷状毛，腹部末节背面有 1 束向后伸的灰黑色丛状长毛。

蛹：体长 9 ~ 14mm，黄棕或红棕色，体各节被黄白色毛，臀棘上有小钩 30 余根，共成 1 束。

茧：长椭圆形，长 15 mm，丝质薄，灰白色，附有毒毛。

【发生规律】刚竹毒蛾在浙江、福建和江西 1 年发生 3 代，四川 4 ~ 5 代，以卵或 1 ~ 2 龄幼虫在叶背面越冬。在浙江，越冬幼虫于翌年 3 月中旬开始活动，越冬卵也开始孵化，4 月上中旬孵化完毕。5 月上旬至 6 月上旬幼虫为害最严重，第 2 代幼虫期在 6 月下旬至 8 月上旬，第 3 代幼虫期在 8 月中旬至 10 月上旬。有世代重叠现象。幼虫 7 龄，偶见 6 龄，少数 8 龄。1 ~ 3 龄幼虫食叶量极少，仅占总食叶量的 3.21%。最后二龄的食叶量占总食叶量的 80%。1 ~ 3 龄幼虫有吐丝下垂随风飘荡的习性，可借此转移到其他竹株取食，4 ~ 7 龄幼虫善爬动，有假死现象，遇惊动立即卷曲，弹跳坠地，稍缓又沿竹杆爬上竹冠。成、幼虫都具有趋光性。

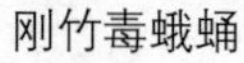

刚竹毒蛾蛹

刚竹毒蛾茧

各代幼虫平均历期，第 1 代 35.4 天；第 2 代 34.7 天；越冬代以卵越冬的幼虫平均历期 78.2 天；以幼虫越冬的幼虫平均历期 144.5 天。各虫期世代交替。幼虫蜕皮前有 1 ~ 2 天不食不动。老熟幼虫近结茧前，行动缓慢，反应迟钝，吐丝结茧，经 27 ~ 95 小时，平均 42.6 小时的预蛹期后化蛹。刚竹毒蛾绝大多数结茧于竹叶背面，少数在竹叶和竹竿上。

首先发生于阴坡、下坡及山洼处，大暴发后蔓延扩展到阳坡和山脊。在海拔 200 ~ 800 m 地区的毛竹林均可发生刚竹毒蛾为害。虫口大幅度的增加而发生竹林为害，是由于气候适宜，连续二代虫口积累下来的结果。

【防治】

(1) 利用竹林耐害力强，林间天敌种类丰富，自然寄生率高的特点，大力保护自然界天敌充分发挥森林生态系统的自控能力，把虫口密度控制在经济允许水平之下。捕食天敌有蚂蚁、益蝽、明盗猎蝽、黑哎猎蝽、大刀螳螂、广腹螳螂及林间鸟类；卵期寄生天敌有黑卵蜂、平腹小蜂；幼虫期及蛹期天敌有绒茧蜂、脊茧蜂、黑点瘤姬蜂，以及白僵菌和核多角体病毒。用药前应进行天敌调查，若寄生率在 30% 以上，应避免使用农药，可采取局部施药方式，在发生源地施药。

熏烟防治

(2) 使用白僵菌粉炮，每亩 2 ~ 3 个，虫口可下降 60% ~ 70%。且有反感染。虫口量太大时可多施放一次。

(3) 在成虫羽化期利用成虫趋光性，利用黑光灯诱杀。

(4) 虫害发生时，可用竹腔注射法防治，也能取得很好的防治效果，具体方法是：用 80% 敌敌畏的 10 倍液混合注入竹杆基部 2 ~ 4 节的中上部，每株 2.5 ~ 3ml。这种方法既能杀死害虫，又能对害虫的天敌起到很好的保护作用。

(5) 营林措施：林地的抚育尤为重要，每年的冬春锄草，翻土一次以破坏害虫的越冬卵和蛹：可达到消灭竹林害虫的目的。

(6) 药剂防治。大面积发生时，可利用 80% 敌敌畏 100 倍液、20% 杀灭菊酯 100 倍液或 2.5% 菊酯 500 倍液超低容量喷雾。幼虫期喷施 5% 定虫隆乳油 1 000 ~ 2 000 倍液、2.5% 溴氰菊酯乳油 4 000

倍液、25% 灭幼脲胶悬浮剂 1 500 倍液或 40.7% 毒死蜱乳油 1 000 ~ 2 000 倍液等喷雾防治。也可用 10% 醚菊酯悬浮剂 6 000 倍液或 5% 高效氯氰菊酯 4 000 倍液喷施卵块。

32. 绿尾大蚕蛾

【分布为害】绿尾大蚕蛾（*Actias selene ningpoana* Felder）是鳞翅目天蚕蛾科的一种中大型蛾类。又称绿尾天蚕蛾、月神蛾、燕尾蛾、长尾水青蛾、水青蛾、绿翅天蚕蛾等。广泛分布于亚洲。国内分布广泛，在河北、河南、江苏、江西、浙江、湖南、湖北、安徽、广西、贵州、四川、云南、福建、台湾、山东等省均有分布。为害药用植物山茱萸、丹皮、杜仲、果树、园林树木等。幼虫食叶，低龄幼虫食叶成缺刻或孔洞，稍大时可把全叶吃光，仅残留叶柄或叶脉。

绿尾大蚕蛾成虫

【形态特征】成虫：体长 32 ~ 38mm，翅展 100 ~ 130mm。体粗大，体被白色絮状鳞毛而呈白色。头部两触角间具紫色横带 1 条，触角黄褐色羽状；复眼大，球形黑色。胸背肩板基部前缘具暗紫色横带 1 条。翅淡青绿色，基部具白色絮状鳞毛，翅脉灰黄色较明显，缘毛浅黄色；前翅前缘具白、紫、棕黑三色组成的纵带 1 条，与胸部紫色横带相接。后翅臀角长尾状，长约 40mm，后翅尾角边缘具浅黄色鳞毛，有些个体略带紫色。前、后翅中部中室端各具椭圆形眼状斑 1 个，斑中部有 1 透明横带，从斑内侧向透明带依次由黑、白、红、黄四色构成，黄褐色外缘线不明显。腹面色浅，近褐色。足紫红色。卵：扁圆形，直径约 2mm，初绿色，近孵化时褐色。

幼虫：体长 80 ~ 100mm，体黄绿色粗壮、被污白细毛。体节近六角形，着生肉突状毛瘤，前胸 5 个，中、后胸各 8 个，腹部每节 6 个，毛瘤上具白色刚毛和褐色短刺；中、后胸及第 8 腹节背上毛瘤大，顶黄基黑，他处毛瘤端蓝色基部棕黑色。第 1 ~ 8 腹节气门线上边赤褐色，下边黄色。体腹面黑色，臀板中央及臀足后缘具紫褐色斑。胸足褐色，腹足棕褐色，上部具黑横带。蛹：长 40 ~ 45mm，椭圆形，紫黑色，额区具 1 浅斑。茧：长 45 ~ 50mm，椭圆形，丝质粗糙，灰褐至黄褐色。

绿尾大蚕蛾幼虫取食为害状

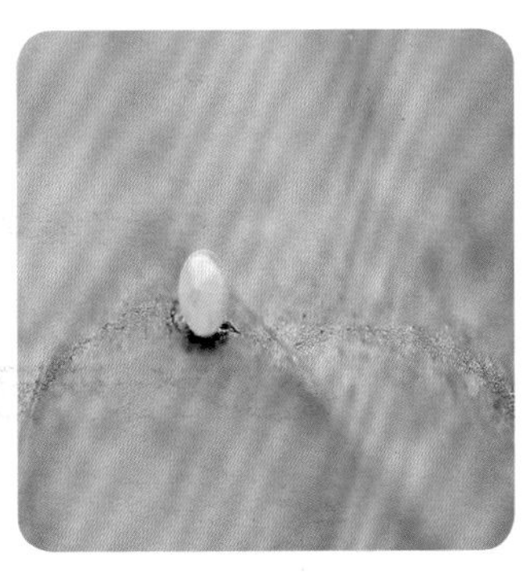

绿尾大蚕蛾卵

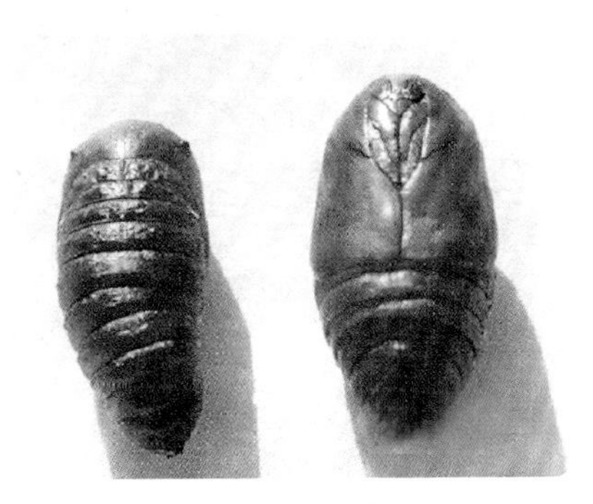

绿尾大蚕蛾蛹

绿尾大蚕蛾茧

【发生规律】1 年发生 2 代，以茧蛹附在树枝或地被物下越冬。翌年 5 月中旬羽化、交尾、产卵。卵期 10 余天。第 1 代幼虫于 5 月下旬至 6 月上旬发生，7 月中旬化蛹：蛹期 10 ~ 15 天。7 月下旬至 8 月为一代成虫发生期。第 2 代幼虫 8 月中旬始发，为害至 9 月中下旬，陆续结茧化蛹越冬。成虫昼伏夜出，有趋光性，日落后开始活动，21：00—23：00 时最活跃，虫体大笨拙，但飞翔力强。卵喜产在叶背或枝干上，有时雌蛾跌落树下，把卵产在土块或草上，常数粒或偶见数十粒产在一起，成堆或排开，每雌可产卵 200 ~ 300 粒。成虫寿命 7 ~ 12 天。初孵幼虫群集取食，2、3 龄后分散，取食时先把 1 叶吃完再为害邻叶，残留叶柄，幼虫行动迟缓，食量大，每头幼虫可食 100 多片叶子。幼虫老熟后于枝上贴叶吐丝结茧化蛹。第 2 代幼虫老熟后下树，附在树干或其他植物上吐丝结茧化蛹越冬。

【防治】

（1）秋后至发芽前清除落叶、杂草，并摘除树上虫茧，集中处理。利用黑光灯诱蛾，并结合管理注意捕杀幼虫。

（2）在幼虫 3 龄前，可用下列药剂：90% 晶体敌百虫 1 000 ~ 2 000 倍液、80% 敌敌畏乳油 1 000 ~ 1 500 倍液或 2.5% 溴氰菊酯乳油 2 000 ~ 3 000 倍液均匀喷施。

33. 黑脉蛱蝶

【分布为害】黑脉蛱蝶［*Hestina assimilis* (Linnaeus)］属鳞翅目蛱蝶科脉蛱蝶属。分布于福建、黑龙江、辽宁、甘肃、河北、山西、陕西、山东、河南、湖北、浙江、江苏、江西、湖南、台湾、广东、广西、四川、云南、西藏；朝鲜，日本等。幼虫为害榆科的朴树。

黑脉蛱蝶成虫

【形态特征】成虫：体长 23 ~ 25mm，翅展 70 ~ 93 mm，灰褐色。脉纹黑色，表面黑褐色，布满青白色斑纹，中室的斑纹前端有缺刻，其他各室的斑纹都断裂贯穿全室；后翅外缘有 1 列斑纹，亚外缘后半部有 4 ~ 5 个红色斑纹，斑纹内有黑点，内侧斑纹较长，直伸室基部。前足退化。卵：近球形，直径 1.21 ~ 1.3 mm，高 1.36 ~ 1.44 mm，一端略平，上有 18 ~ 20 条纵脊，顶端有 1 精孔。初产时淡绿色，渐变深绿色，并出现大量黑斑点，近孵化时，卵壳呈白色透明膜状，顶端可见幼虫黑色的头部。幼虫：圆柱形，1 龄幼虫体长 3 ~ 6.2mm，淡绿色；2 龄幼虫体长 5.9 ~ 9.6 mm，嫩绿色；3 龄幼虫体长 8.2 ~ 14.8 mm，绿色；4 龄幼虫体长 14.1 ~ 23.1 mm，绿色；5 龄幼虫体长 20.8 ~ 37.7 mm，深绿色。体呈纺锤形，被绒毛，头部有 1 对丝状角突起，顶端分叉，后胸背及腹部第 2 节背面，分别各有 1 对小白斑，腹部第 4 节背，有 1 对三角形黄白色斑块。蛹：长约 26 mm，宽约 15mm，透明绿色，左右扁平。腹部宽厚，背面薄削，构成锋利棱线，呈圆弧状，腹部背侧略外凸，第 2 ~ 7 腹节具棘刺。

黑脉蛱蝶卵（超微放大状）

黑脉蛱蝶老龄幼虫

黑脉蛱蝶蛹

【发生规律】浙江省 1 年发生 3 代，以幼虫越冬。翌年 5 月初始见越冬蛹羽化。成虫羽化后，白天活动。雄蝶飞翔力强，雌虫相对弱，需补充营养。交尾前有婚飞行为，雌雄喜舞。交尾后产卵：散产，1 次产卵 20 ~ 30 粒，产于寄主的叶片正面，少数产于叶背或叶柄处，幼虫有食卵壳习性，低龄幼虫取食嫩叶，为害成缺刻，3 ~ 5 龄幼虫食嫩、老叶，全叶吃光。老熟幼虫吐丝将尾部与丝垫黏结，体呈悬挂，头向下垂。在枝条上化蛹。各代成虫发生期分别为：第 1 代 5 月上中旬，第 2 代 7 月上旬至 8 月上旬，第 3 代 9 月上旬至 10 月中旬。9 月下旬开始幼虫陆续进入越冬。越冬代幼虫期 220 ~ 240

天，卵期 4 ~ 5 天，蛹期 9 ~ 10 天，第 1 代幼虫期 28 ~ 42 天，蛹期 9 ~ 10 天。

【防治】参考绿尾大蚕蛾防治。

34. 乌桕黄毒蛾

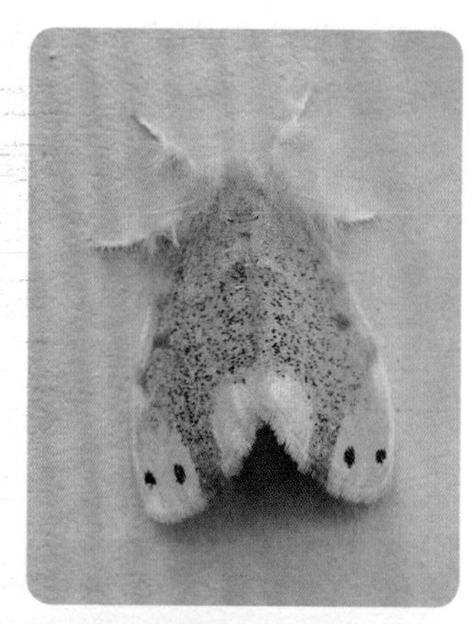

乌桕黄毒蛾成虫

【分布为害】乌桕黄毒蛾［*Euproctis bipunctapex*（Hampson）］属鳞翅目毒蛾科黄毒蛾属的一种昆虫，又称乌桕毒蛾、枇杷毒蛾、乌桕毛虫、油桐叶毒蛾。分布于上海、江苏、浙江、福建、江西、河南、湖北、湖南、广东、广西、四川、云南、西藏、陕西、台湾等；国外分布于新加坡、印度。为害乌桕、油桐、柿树、杨、桑、女贞、茶、栎、樟、苹果、重阳木、柑橘、桃、李、梅、枇杷等。幼虫取食桕叶，啃食幼芽、嫩枝外皮及果皮，轻则影响生长，桕子减产，重则颗粒无收，甚至整株枯死。幼虫毒毛触及皮肤，引起红肿疼痛，危及人体健康。

【形态特征】成虫：雄蛾翅展 23 ~ 38mm，雌蛾 32 ~ 42mm。体黄棕色。触角干浅黄色，栉齿浅棕色；下唇须棕黄色；足浅棕黄色。前翅底色黄色，除顶角、臀角外，密布红棕色鳞和黑褐色鳞，形成 1 块红棕色大斑，斑外缘中部外突，成一尖角，顶角有 2 个黑棕色圆点；后翅黄色，基半红棕色。卵：椭圆形，长 0.8mm，淡绿或黄绿色。卵块半球状，外覆深黄色绒毛。幼虫：体长 25 ~ 30mm，黄褐色，体侧及背上具黑疣突，上有白色毒毛。蛹：长 10 ~ 15mm，纺锤形，棕色，臀棘具钩刺。茧：薄，灰黄色。

【发生规律】幼虫于树干丝网中越冬。4 月初开始活动为害，5 月中下旬幼虫老熟，于树根部和杂草丛中结茧化蛹。6 月上中旬成虫羽化，产卵于叶背，约经半月孵化。幼虫 3 龄前群集叶背或吐丝缀叶隐居其中，取食叶肉；3 龄后早晚分散取食全叶，中午聚集树丫或树干阴面以避暑热。8月中旬第1代幼虫老熟，9月上旬第1代成虫出现，有趋光性。第2代幼虫于9月中旬开始取食为害，11月上旬在树干或枝丫处作丝网群聚越冬。成虫白天静伏不动，常在夜间活动，趋光性强。幼虫常群集为害，3龄前取食叶肉，留下叶脉和表皮，使叶变色脱落，3龄后食全叶。4龄幼虫常将几枝小叶以丝网缠结一团，隐蔽在内取食为害。乌柏黄毒蛾幼虫喜欢群聚在树干上，每蜕一次皮就往树干下方移动，习性十分特别。

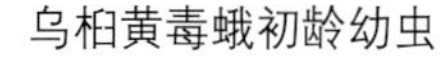
乌柏黄毒蛾初龄幼虫

乌柏黄毒蛾老龄幼虫

【防治】

（1）利用幼虫群聚越冬的习性，结合采收柏子或冬季修整树形时进行治虫。

（2）利用幼虫下树蔽荫习性，在树干涂刷毒胶环截杀。在5月底6月初，结合肥水管理直接消灭土块下、石块下及杂草丛中的虫茧。

（3）灯光诱杀成虫。

（4）喷洒苏云金杆菌等细菌杀虫剂或白僵菌，开展生物防治。

35. 顶梢卷叶蛾

【分布为害】顶梢卷叶蛾［*Spilonota lechriaspis* Meyrick］属鳞翅目小卷叶蛾科白小卷蛾属的一种昆虫，又名顶芽卷叶蛾、芽白小卷蛾。分布于东北、华北、华东、华中、西北等地。顶梢卷叶蛾主要为害苹果，梨、桃、海棠、花红、枇杷等。幼虫主要为害枝梢嫩叶及生长点，影响新梢发育及花芽形成，幼树及苗木受害特重。顶梢卷叶蛾其幼虫为害嫩叶时，吐丝将其缀成团，匿身其中。

【形态特征】成虫：雌蛾体长6 ~ 7mm，翅展13 ~ 15mm，雄蛾略小。虫体银灰褐色。前翅基部1/3处及中部有1条暗褐色弓形横带，后缘近臀角处具有1个近似三角形的暗褐色斑。卵：扁椭圆形，长0.7mm，乳白色。幼虫：体粗短，长8 ~ 10mm，淡黄色。头、前胸背板、胸足均为黑色，各节密生短毛。蛹：纺锤形，体长6mm，黄褐色。

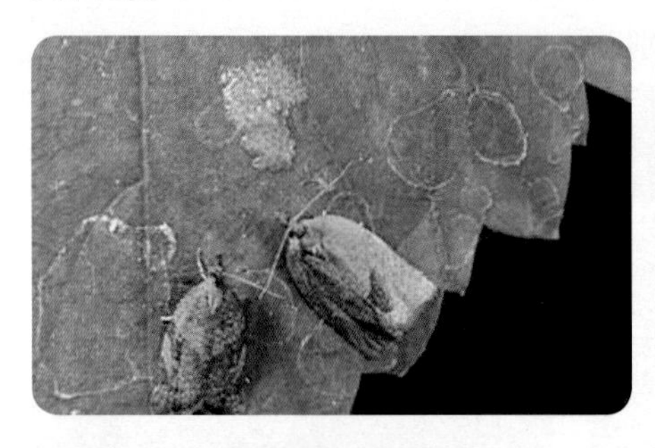

顶梢卷叶蛾成虫

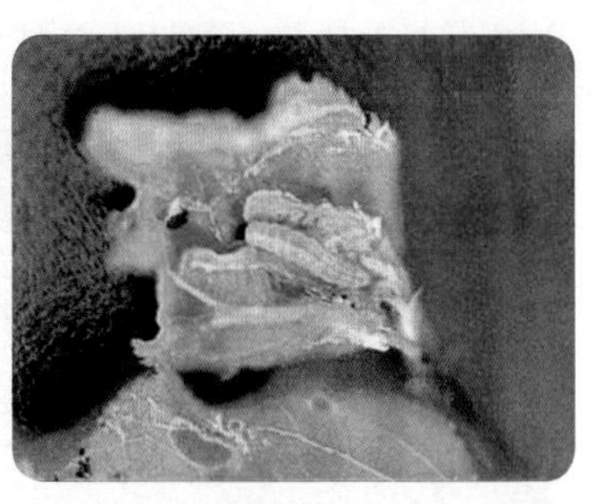

顶梢卷叶蛾幼虫

【发生规律】1年发生代数因地而异，在我国北部地区1年2代；中部地区1年3代；南部地区1年3 ~ 4代。安徽1年发生3代，以2、3龄幼虫在枝梢顶端的卷叶中结茧越冬，次年3月中旬气温达10℃以上时，越冬幼虫全部离茧，迁移到附近的新梢嫩叶上，吐丝作囊。平时静伏其中，取食时体伸出囊外，啮食附近幼芽、蕾、花、幼果及嫩梢，以嫩梢受害最重，新梢生长盛期与成虫盛发期吻合的品种，受害尤重。在合肥地区各地区各代成虫发生盛期分别为：5月上中旬、7月上中旬、8月上中旬。成虫晚间活动，有弱趋光性，喜糖蜜，卵主要散产在新生枝梢的叶片背面。每雌产卵约150粒。成虫寿命平均10 ~ 15天，卵期7 ~ 10天；幼虫期30天；蛹期9 ~ 16天。幼虫共5龄。第3代幼虫于11月在枝梢上结茧过冬。被害梢顶端的枯叶，因被幼虫丝缠连，常残存不落，极易识别。

【防治】

（1）园林措施。结合冬季修剪，剪除虫梢并加以烧毁，消灭过冬幼虫。一般幼虫喜在梢上第3 ~ 5节侧芽附近过冬，所以剪梢位置相

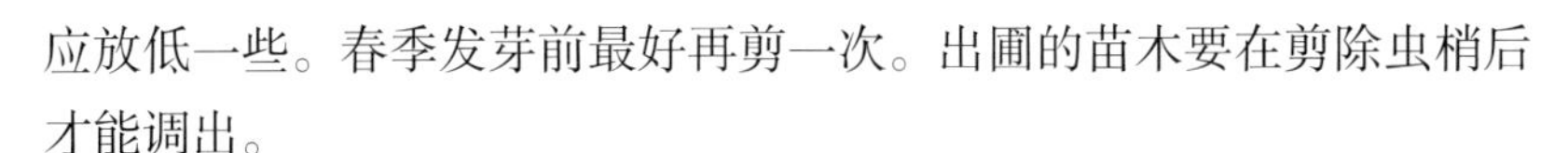


应放低一些。春季发芽前最好再剪一次。出圃的苗木要在剪除虫梢后才能调出。

（2）药剂防治。在4月上旬，苹果芽萌动期间过冬幼虫也开始出茧取食，这时可用90%敌百虫0.5kg和40%乐果乳剂0.5kg，加水750kg的混合液防治，或用50%杀螟硫磷1 000倍液喷杀。6月上中旬在第1代卵盛期和孵化盛期，喷洒50%敌百虫1 000倍液或50%杀螟硫磷乳剂1 000倍液，杀卵和初孵幼虫的效果很好。

### 36. 丝棉木金星尺蛾

【分布为害】丝棉木金星尺蛾（*Calospilos suspecta* Warren）属鳞翅目尺蛾科，又称大叶黄杨尺蛾。分布于华北、中南、华东、华北、西北、东北等地。主要为害丝棉木、柳属、槐树、大叶黄杨、榆属、杨属、扶芳藤。食叶害虫，常暴发成灾，短期内将叶片全部吃光。引起小枝枯死或幼虫到处爬行，既影响绿化效果，又有碍市容市貌。

【形态特征】成虫：雌虫体长12 ~ 19mm，翅展34 ~ 44mm。翅底色银白，具淡灰色及黄褐色斑纹，前翅外缘有1行连续的淡灰色纹，外横线成1行淡灰色斑，上端分叉，下端有1个红褐色大斑；中横线不成行，在中室端部有1大灰斑，斑中有1个图形斑，翅基有1深黄、褐、灰三色相间花斑，斑纹在个体间略有变异。前后翅平展时，后翅上的斑纹与前翅斑纹相连接，似由前翅的斑纹延伸而来。前后翅反面的斑纹同正面，唯无黄褐色斑纹。雌虫腹部金黄色，有由黑斑组成的条纹9行，后足胫节内侧无丛毛。雄虫体长10 ~ 13 mm，翅展32 ~ 38 mm；翅上斑纹同雌虫；腹部亦为金黄色，有由黑斑组成的条纹7行，后足胫节内仍有1丛黄毛。卵：椭圆形，长0.8 mm，宽0.6 mm，卵壳表面有纵横排列的花纹。初产时灰绿色，近孵化时呈灰黑色。幼虫：老熟幼虫体长28 ~ 32 mm；体黑色，刚毛黄褐色，头部黑色，前胸背板黄色，有3个黑色斑点，中间的为三角形。背线、亚背线、气门上线、亚腹线为蓝白色，气门线、腹线黄色较宽；臀板黑色，胸部及腹部第6节以后的各节上有黄色横条纹。胸足黑色，基部淡黄色。腹足趾钩为双序中带。蛹：纺锤形，体长9 ~

16mm，宽 3.5 ~ 5.5mm，初化蛹时头、腹部黄色，胸部淡绿色，后逐渐变为暗红色；腹端有 1 分叉的臀刺。

丝棉木金星尺蛾成虫

丝棉木金星尺蛾幼虫

【发生规律】丝棉木金星尺蛾在安徽滁州 1 年发生 4 代。以蛹在土中越冬，翌年 3 月中下旬越冬成虫羽化，第 1 代成虫 5 月下至 7 月上旬发生，第 2 代成虫 7 月中至 9 月上旬发生，第 3 代成虫 9 月中至 10 月中旬发生。10 月下旬，以第 4 代老熟幼虫入土化蛹越冬。成虫多在夜间羽化，白天较少，成虫白天栖息于树冠、枝、叶间，遇惊扰作短距离飞翔，夜间活动，有弱趋光性。成虫无补充营养习性，一般于夜间交尾，少数在白天进行，持续 6 ~ 7 小时，不论雌雄成虫一生均只交尾 1 次。交尾分离后于当天傍晚即可产卵，多成块产于叶背，沿叶缘成行排列，少数散产。每雌产卵 2 ~ 7 块，每块有卵 1 ~ 195 粒不等，平均每雌产卵（258 ± 113）粒，遗腹卵（15 ± 9 粒）。幼虫共 5 龄，初龄幼虫活泼，迅速爬行扩散寻找嫩叶取食，受惊后立即吐丝下垂，可飘移到周围枝条上。幼虫在背光叶片上取食，1 ~ 2 龄幼虫取食嫩叶叶肉，残留上表皮，或咬成小孔，有时亦取食嫩芽；3 龄幼虫从叶缘取食，食成大小不等的缺刻；4 龄幼虫取食整个叶片仅留叶柄；5 龄幼虫不仅可取食叶柄，还可啃食枝条皮层和嫩茎。幼虫昼夜取食，每次蜕皮均在 3：00—9：00 时进行，往往蜕皮后幼虫食尽脱下的皮蜕，仅留下硬化的头壳。幼虫老熟后大部沿树干下爬到地，少数吐丝下坠落地，而爬行到树干基部周围疏松表土 3cm 中或地被

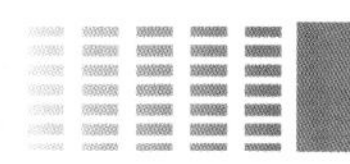


物下化蛹，经 2 ～ 3 天预蛹期，最后蜕皮为蛹。

【防治】

（1）人工防治。冬季修剪等管理，同时松土灭蛹；利用吐丝下垂习性，可震落搜集幼虫捕杀。

（2）生物防治。幼虫发生期，喷洒青虫菌液，每克含孢子 100 亿的可湿性粉剂 100 倍液，杀虫效果达 85% 以上。

（3）化学防治。幼虫发生期，喷 90% 晶体敌百虫、50% 杀螟硫磷乳油、80% 敌敌畏乳油 1 ∶ 1 000 倍液，杀虫效果可达 95% 以上。

37. 重阳木锦斑蛾

【分布为害】重阳木锦斑蛾［*Histia rhodope* Cramer］属鳞翅目（Lepidoptera）斑蛾科（Zygaenidae）。分布于中国、印度、缅甸、印度尼西亚等东南亚地区。主要为害重阳木等。成虫白天在重阳木树冠或其他植物丛上飞舞，吸食补充营养。卵产于叶背。幼虫取食叶片，严重时将叶片吃光，仅残留叶脉等。

【形态特征】成虫：体长 17 ～ 24 mm，平均 19 mm；翅展 47 ～ 70 mm，平均 61 mm。头小，红色，有黑斑。触角黑色，栉齿状，雄蛾触角较雌蛾宽。前胸背面褐色，前、后端中央红色。中胸背黑褐色，前端红色；近后端有 2 个红色斑纹，或连成“U”字形。前翅黑色，反面基部有蓝光。后翅亦黑色，自基部至翅室近端部（占翅长 3/5）蓝绿色。前后翅反面基斑红色。后翅第二中脉和第三中脉延长成一尾角。腹部红色，有黑斑 5 列，自前而后渐小，但雌者黑斑较雄者为大，雌腹面的 2 列黑斑在第 1 ～ 5 节或第 1 ～ 6 节合成 1 列。雄蛾腹末截钝，凹入；雌蛾腹末尖削，产卵器露出呈黑褐色。卵：卵圆形，略扁，表面光滑。初为乳白色，后为黄色，近孵化时为浅灰色。卵长 0.73 ～ 0.82 mm；宽 0.45 ～ 0.59 mm。幼虫：体肥厚而扁，头部常缩在前胸内，腹足趾钩单序中带。体具枝刺，有些枝刺上具有腺口。1 龄幼虫体浅黄色，生有不发达的枝刺。头部暗褐色。自中胸后半部起，体背两侧各有 2 条并列的淡褐色纵带组，达第 8 腹节，后端几乎相接；体长 1.44 ～ 1.59 mm。

重阳木锦斑蛾成虫

重阳木锦斑蛾幼虫

2 龄幼虫体上枝刺略较 1 龄明显，体背两侧各只有 1 条较宽的深褐色纵带纹，后端相接，呈长“U”字形。体长 2.55 ~ 2.63 mm。其余特征与 1 龄幼虫相同。

3 龄幼虫，体背面暗紫红色，体具显著的枝刺，头部淡褐色，前胸背面淡黄褐色；体长 4.40 ~ 4.47mm。

4 龄幼虫，头部褐色，前胸前侧缘黄色，前胸背板褐色，各体节背面中央有黑色短横条斑；背面两侧枝刺间有黑色圆形斑；在与这些体斑相应的位置，各体节相邻处也有黑色横条斑和圆形斑，组成体背 3 列黑色斑纹；体长 7.21 ~ 7.32mm。

5 ~ 7 龄幼虫，与 4 龄相似，体色较暗淡，呈粉灰红色至暗灰红色；体背面枝刺淡红至桃红色。5 龄体长为 13. 0 ~ 13.25mm，6 龄 18.83 ~ 20.25mm。部分有 7 龄。

少数达 8 龄的幼虫体长 24mm 左右。幼虫中、后胸各具 10 个枝刺；第 1 ~ 8 腹节皆具 6 个枝刺，第 9 腹节 4 个枝刺。位于腹部两侧的枝刺棕黄色，较长，体背面的枝刺大都呈紫红色，较短。

蛹：体长 15.5 ~ 20mm，平均 17mm。初化蛹时全体黄色，腹部微带粉红色。随后头部变为暗红色，复眼、触角、胸部及足、翅黑色。腹部桃红色，第 1 ~ 7 节背面有 1 个大黑斑，侧面每边具 1 个黑斑，腹面露出尾端的第 6、7 节各有 2 个大黑斑并列。

【发生规律】在福建福州、湖北武昌、江苏苏州等地均 1 年发生 4 代。

在福州以不同龄虫的幼虫在重阳木枝干的木柱层下、木柱裂缝间、断枝切口凹陷处以及黏结重叠的叶片间潜伏过冬；也有极少数老熟幼虫入冬后在树下结茧化蛹越冬。冬季温暖之日越冬幼虫仍能取食为害。越冬幼虫至次年 3、4 月老熟下树结茧，4 月间化蛹：4 月中下旬或 5 月上旬开始羽化为成虫，5 月中下旬为发蛾盛期。

武昌各代发生期分别为：4 月下旬至 6 月中下旬；6 月中下旬至 8 月上旬；8 月上中旬至 9 月中旬；9 月下旬至次年 4 月中下旬。以第 2 ~ 3 代幼虫为害最烈。成虫都在白天羽化，以中午为多。孵化率为 59.3% ~ 75.5%。成虫飞翔时间在 16:00 ~ 18:00 时。其余时刻多栖息在树干枝叶前处，不时缓缓爬行。常在羽化的当天或翌日 14:00 ~ 20:00 时交尾。将雌蛾放在养虫室内或饲养笼中，均能诱来雄蛾。成虫常飞往树木花间，吸食补充营养。成虫产卵于枝干皮下。卵粒紧密排列连成片。1 次产卵 5 粒至 20 余粒，一般 10 粒左右。雌成虫怀卵量近 1 000 粒左右。室内饲养观察雌蛾只产卵 236 ~ 241 粒，产卵期 5 ~ 6 天。卵多在 6：00—10：00 时孵化；黄昏及夜间孵化的甚少。

苏州地区 1 年发生 4 代，以老熟幼虫在重阳木树皮、枝干、树洞、墙缝、石块、杂草等处结茧潜伏过冬。越冬幼虫至翌年 4—5 月化蛹：5 月上中旬开始羽化为成虫，5 月中下旬为发蛾盛期。

据福州 1951—1958 年观察，此虫有隔年间歇大发生现象，其他年份仅零星发生。大发生年份的后期群体常受多种天敌寄生。这种自然控制可能是间歇大发生的一个主要因素。卵寄生蜂第 2 代寄生率达 27.7% 以上；绒茧蜂寄生于幼虫，寄生率达 5.8% ~ 16%；另一种为茧蜂。寄蝇 2 种，数量较多的一种为日本追寄蝇。横带沟姬蜂寄生于蛹。此外还有细菌，寄生于幼虫。还有鸟类。

【防治】

（1）园林措施。清理枯枝落叶，尽量消灭越冬虫态；越冬前树干束草诱杀或涂白。

（2）生物防治。合理保护利用天敌。

（3）化学防治。幼虫发生期用 1.2% 烟参碱乳油 800 ~ 1 000 倍液联苯菊酯等菊酯类杀虫剂喷雾防治。

**二、以膜翅目虫害为代表的虫害防治**

38. 桂花叶蜂

【分布为害】桂花叶蜂（*Tomostethus* sp.）属膜翅目叶蜂科。分布于长江中、下游地区，浙江、福建、广西受害重；其幼虫取食叶片，大发生时成群为害桂花嫩梢、嫩叶，甚至可在短期内将整株桂花的叶片及嫩梢吃光。

【形态特征】成虫，体长 6 ~ 8mm，翅展 14 ~ 16mm。全体黑色，有金属光泽。触角丝状 9 节。复眼黑色，大。胸背具瘤状突起。后胸具 1 三角形浅凹陷区。翅透明，膜质。翅上密生黑褐色细短毛及很多匀称的褐色小斑点，翅脉黑色。足除腿节外黑色。卵：长 1.5 ~ 2.0mm，椭圆形，黄绿色，半透明。幼虫：末龄幼虫体长 18 ~ 20mm，黄绿色，头部与胸足均转为黄绿色，光滑无瘤，体节多皱纹，3 对胸足，7 对腹足。蛹：长 7 ~ 9mm，黑褐色。茧：长约 10mm，长椭圆形，土质，灰褐色。

桂花叶蜂成虫

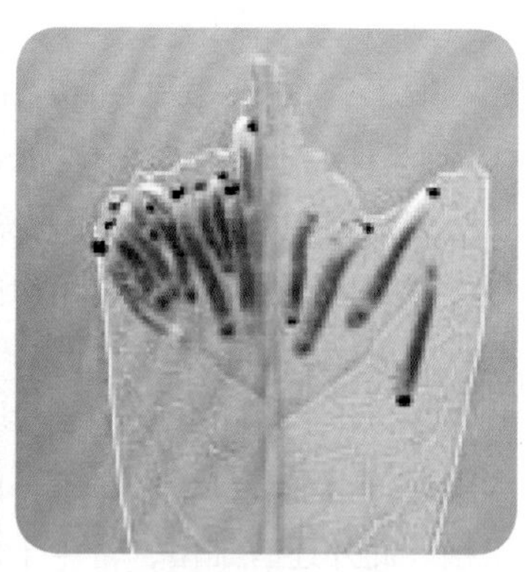

桂花叶蜂幼虫为害状

【发生规律】该虫害 1 年发生 1 代，以老熟幼虫或前蛹期在浅土层的泥茧中越冬。翌年 3 月化蛹：3 月下旬至 4 月上旬成虫羽化。早晨 8 : 00 时后。随气温升高成虫活动愈加频繁，并于林冠间交尾，夜晚则静伏于叶背。交尾后产卵于嫩叶边缘的表皮下，雌蜂能多次产卵：每次产5 ~ 10粒，每雌产60粒左右，卵期约7天。4月中旬幼虫大量孵化并群集为害。4龄后幼虫食量剧增，经过约20天取食。幼虫开始老熟，于4月下旬至5月上旬钻入土结茧化蛹：直至越冬。

【防治】

（1）及时清除病残体，尤其是上年受害重的桂花树，于4月上旬成虫大量产卵时及时检查，发现有虫卵的叶片时要及时剪除，并集中深埋或烧毁。

（2）药剂防治，幼虫发生期喷洒50%辛硫磷乳油1 000 ~ 1 500倍液或80%敌敌畏乳油1 000倍液、90%晶体敌百虫800 ~ 900倍液、2.5%溴氰菊酯乳油2 000 ~ 2 500倍液、50%杀螟硫磷乳油1 000倍液。

39. 柳布氏瘿叶蜂

【分布为害】柳布氏瘿叶蜂［*Pontania bridgmannii* Cameron］属膜翅目叶蜂科，又名柳瘿叶蜂。分布于北京、天津、辽宁、吉林、内蒙古、陕西、山东、河南、河北和四川等地。为害各种柳树。

【形态特征】成虫：体长为6mm左右，翅展为16mm左右。体土黄色，有黑色斑纹，翅脉多为黑色。雄成虫尚未发现。卵：椭圆形，黄白色。幼虫：老熟时体长为15mm左右，黄白色，稍弯曲，体表光滑有背皱。胸足3对，腹足8对。蛹：黄白色。茧长椭圆形。

为害柳树状

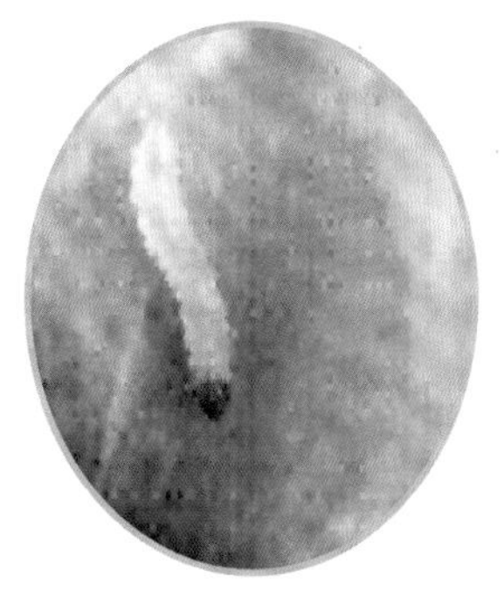

布氏瘿叶蜂幼虫

【发生规律】北京、甘肃、沈阳等地，1年发生1代，老熟幼虫在寒露节气前后陆续咬破虫瘿于黎明前坠落地面，就近寻找越冬场所，在土壤中结茧越冬。翌年4月下旬至5月上旬成虫羽化，中为羽化高峰，羽化后几小时后即可进行孤雌生殖。

产卵于柳叶组织内，1处1粒，卵期8天左右。幼虫孵化后就地啃食叶肉，受害部位逐渐肿起，最后形成虫瘿，虫瘿近蚕豆形，无毛，由绿渐变为红褐色。虫瘿以叶背面中脉上为多，严重时虫瘿成串。带虫瘿叶片易变黄提早落叶，影响植株生长。秋后幼虫随落叶或脱离虫瘿入地结薄茧越冬。

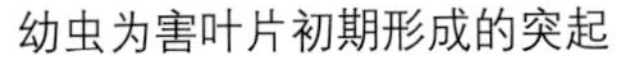

幼虫为害叶片初期形成的突起

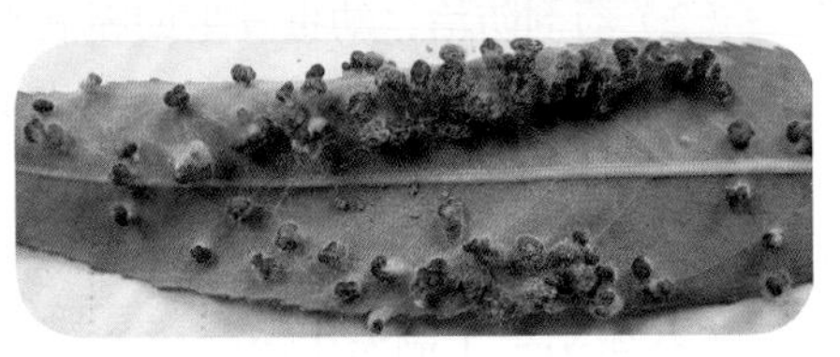

幼虫为害叶片后期

【防治方法】

（1）人工防治。幼树生长期，出现少量柳厚壁叶蜂为害时，人工摘除带虫瘿叶片，预防大面积侵染蔓延。于5月底至8月底连续重度修剪带虫瘿下垂直，集中销毁。秋后清除落地虫瘿，并烧毁。有利于保护啮小蜂、宽唇姬蜂等天敌。

（2）药剂防治。4月下旬至5月上旬发生严重时，喷施40%菊马合剂2 000倍液。

早春喷药防治成虫，在3月下旬最低气温3℃以上时提早喷药。可用12.5%苯氧威乳油1 500倍液、内吸性烟碱类5%吡虫啉乳油1 200倍液、1.8%阿维菌素乳油1 500倍或4.5%氯氰菊酯乳油1 500倍液交替混合均匀喷洒树冠和草坪。晚春喷药防治幼虫，在4月下旬卵孵化盛期和5月上旬虫瘿呈扁豆粒大小时，交替使用苯氧威和3%啶虫脒乳油1 000倍喷洒树冠，杀死表皮下初孵化幼虫和低龄幼虫，兼顾灭杀螨类。

初夏树干注药防治幼虫，5月中旬对春季迟孵化幼虫，在虫瘿呈黄豆粒大小选用氧化乐果和吡虫啉等内吸性原液进行树干注药，兼治蛀干害虫吉丁虫等。也可结合根部施肥混合埋入内吸性药剂 75% 克百威可湿性粉剂，距柳树树干 50cm 外根系密集区均分三处，用铁锹垂直插入深约 40cm，顺缝放入 50 ~ 80g 农药颗粒或粉剂后拍实灌水，同时防治刺吸式口器害虫介壳虫、蚜虫、吉丁虫幼虫和食叶性害虫等。

深秋防治落地幼虫，在 10 月上旬，选用苯氧威、定虫脒等强渗透、熏蒸、触杀性农药，在幼虫大量聚集尚未钻入土壤前，对钻出虫瘿落入草坪内的老熟幼虫进行喷药杀灭，时间在早上 8:00—10:00 和 15:00—17:00 两个时段，细致喷洒草坪和周边场所，连续喷药 3 ~ 5 次，灭除草地内隐蔽幼虫。

40. 樟叶蜂

【分布为害】樟叶蜂［*Mesoneura rufonota* Rohwer］属膜翅目叶蜂科。分布于广东、福建、浙江、江西、湖南、广西及四川等樟树种植区。此虫年发生代数多，成虫飞翔力强，所以为害期长，为害范围广。幼虫为害樟树、香樟幼苗，也为害林木。苗圃内的香樟苗，常常被成片吃光，当年生幼苗受害重的即枯死，幼树受害则上部嫩叶被吃光，形成秃枝。林木树冠上部嫩叶也常被食尽，严重影响树木生长，特别是高生长，使香樟分叉低，分叉多，枝条丛生。

【形态特征】成虫：雌虫体长 7 ~ 10 mm，翅展 18 ~ 20 mm；雄虫体长 6 ~ 8mm，翅展 14 ~ 16mm。头黑色，触角丝状，共 9 节，基部二节极短，中胸发达，棕黄色，后缘呈三角形，上有“X”形凹纹。翅膜质透明，脉明晰可见。足浅黄色，腿节（大部分）、后胫和跗节黑褐色。腹部蓝黑色，有光泽。卵：长圆形，微弯曲，长 1mm 左右，乳白色，有光泽，产于叶肉内。幼虫：初孵幼虫体长约 2 mm，头部浅灰色，体乳白色，胸足 3 对，灰褐色，1 龄幼虫体长 2 ~ 3 mm；老熟幼虫体长 15 ~ 18mm，头黑色，体淡绿色，全身多皱纹，胸部及第 1 ~ 2 腹节背面密生黑色小点，胸足黑色间有淡绿色斑纹。蛹：长 7.5 ~ 10mm，宽 2.5 ~ 3.0 mm，长椭圆形，初期淡黄色，后变暗黄色，复眼黑褐色，附肢伸于腹面，触角达中足基部，前翅芽伸达后足基部，后足伸达生殖节基部。外被长卵圆形黑褐茧。茧：长 9 ~ 14 mm，宽 4 ~ 6 mm，长椭圆形，黑褐色，丝质，外粘有泥粒。

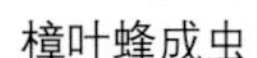
樟叶蜂成虫

樟叶蜂幼虫及为害状

【发生规律】樟叶蜂在江西、广东 1 年发生 1 ~ 3 代，浙江、四川为 1 ~ 2 代。以老熟幼虫在土内结茧越冬。由于樟叶蜂幼虫在茧内有滞育现象，第 1 代老熟幼虫入土结茧后，有的滞育到次年再继续发育繁殖；有的则正常化蛹，当年继续繁殖后代。因此在同一地区，1 年内完成的世代数也不相同。孤雌生殖普遍，有些种的未受精卵只产雄虫，有些只产雌虫，有些则既产雌虫又产雄虫。成虫通常在嫩茎或叶上产卵。幼虫一般营自由生活，有腹足 6 ~ 8 对，但也有生活在叶片、瘿、茎或果实中的。

成虫白天羽化，以上午最多。活动力强，羽化后当天即可交尾，雄成虫有尾随雌虫，争相交尾的现象。交尾后即可产卵：卵产于枝梢嫩叶和芽苞上，在已长到定形的叶片上一般不产卵。产卵时，借腹部末端产卵器的锯齿，将叶片下表皮锯破，将卵产入其中。95% 的卵产在叶片主脉两侧，产卵处叶面稍向上隆起。产卵痕长圆形，棕褐色，每片叶产卵数粒，最多 16 粒。一雌可产卵 75 ~ 158 粒，分几天产完。幼虫从裂处孵出，在附近啃食下表皮，之后则食全叶，在大发生时，则叶片很快就被吃尽。幼虫食性单一，未见为害其他植物。

樟叶蜂在浙江越冬代成虫 4 月上中旬羽化。一代幼虫 4 月中旬孵出，5 月上中旬老熟后入土结茧，部分滞育到次年，部分 5 月下旬羽化产卵。二代幼虫 5 月底至 6 月上旬孵出，6 月下旬结茧越冬。发生期不整齐，第 1、2 代幼虫均有拖延现象。

【防治】

（1）清洁田园。于冬季清除樟地杂草及枯枝落叶，深翻 15cm，冻死茧内虫体，有效降低越冬虫源。对于零星幼小樟树，可在初孵幼虫群集期，集中灭杀。

（2）药剂防治。幼虫为害盛期可喷洒 0.5 亿～ 1.5 亿浓度的苏云金杆菌、青虫菌、白僵菌。或用 90% 敌百虫、或用 80% 敌敌畏、或用 50% 马拉硫磷乳油 2 000 倍液，喷杀幼虫，效果均好。

## 三、鞘翅目虫害防治

### 41. 柳蓝叶甲

【分布为害】柳蓝叶甲［*Plagiodera versicolora* (Laicharting)］属鞘翅目叶甲科，别名柳圆叶甲。分布于黑龙江、吉林、辽宁、内蒙古、甘肃、宁夏、河北、山西、陕西、山东、江苏、河南、湖北、安徽、浙江、贵州、四川、云南。为害桑、各种柳树、杨树等。成、幼虫取食叶片成缺刻或孔洞。

【形态特征】成虫：体长 4mm 左右，近圆形，深蓝色，具金属光泽，头部横阔，触角 6 节，基部细小，余各节粗大，褐色至深褐色，上生细毛；前胸背板横阔光滑。鞘翅上密生略成行列的细点刻，体腹面、足色较深具光泽。卵：橙黄色，椭圆形，成堆直立在叶面上。幼虫：体长约 6mm，灰褐色，全身有黑褐色凸起状物，胸部宽，体背每节具 4 个黑斑，两侧具乳突。蛹：长 4mm，椭圆形，黄褐色，腹部背面有 4 列黑斑。

柳蓝叶甲成虫

【发生规律】河南年发生 4 ～ 5 代，北京 5 ～ 6 代，以成虫在土壤中、落叶和杂草丛中越冬。翌年 4 月柳树发芽时出来活动，为害芽、叶，并把卵产在叶上，成堆排列，每雌产卵千余粒，卵期 6 ～ 7 天，初孵幼虫群集为害，啃食叶肉，幼虫期约 10 天，老熟幼虫化蛹在叶上，9 月中旬可同时见到成虫和幼虫，有假死性。

【防治】

为害严重时可喷洒 20% 氰戊菊酯乳油 2 000 倍液、50% 辛硫磷乳油 1 000 倍液或 50% 马拉硫磷乳油 1 000 ～ 1 500 倍液。

42. 泡桐叶甲

【分布为害】泡桐叶甲［*Basiprionota bisignata* (Boheman)］属鞘翅目叶甲科，别名二斑波缘龟甲、泡桐二星龟甲、泡桐金花虫。主要分布于我国陕西、甘肃、华北至华南、西南等大部分地区，在河南全省均有分布。主要为害泡桐、梓树、楸树等林木。幼虫孵化后啃食叶表皮及叶肉，残留下表皮及叶脉，在 7—8 月被害叶片即成网状，随后叶片变黄干枯。严重时整个树冠呈灰黄色，造成早期落叶，影响树木生长。

【形态特征】成虫：体长 10 ～ 13 mm，橙黄色，椭圆形，头小，缩入前胸，触角丝状，11 节，基部 5 节淡黄色，端部各节黑色。前胸宽大，并伸向两侧呈片状。鞘翅黄色，背面凸起，中间有两条明显的淡黄色隆起线，鞘翅两侧向外扩展，形成明显的边缘，近末端 1/3 处各有一个大的椭圆形黑斑。足短，黄褐色。卵：黄色，长椭圆形，竖立成堆，外附一层淡黄色泡沫状胶质物。幼虫：末龄幼虫体长 13 ～ 15mm，头部褐色，前胸背板淡黄色有两块褐斑，胸腹背面褐绿色，体节两侧有对称的刺突，末端 2 节侧刺突较长，背面也有 2 个浅黄色肉刺突，向背上方翘起，上附着蜕。蛹：淡黄色，体长 10 ～ 12mm，宽 6 ～ 8mm，腹末端也有 1 对向上伸出的突刺，体侧各具 2 个三角形刺片。

泡桐叶甲成虫

【发生规律】在河南 1 年发生 2 代，以成虫在石块、枯枝落叶层、土坑或杂草、灌木丛下越冬。在浅山区，多集中在泡桐林附近的岗坡上越冬；在丘陵区，多集中在林区内或林区附近的沟底越冬；在平原区，多集中在林区内越冬。在郑州越冬成虫4月中下旬出蛰，盛期为4月23日至5月1日，幼虫孵化后，群集叶面，啃食叶肉，残留下表皮及叶脉。5月下旬幼虫开始老熟，幼虫每次蜕掉的皮，黏附尾部，向体后上方翘起，形似羽毛扇状，背在体后长期不掉。老熟幼虫将尾端黏附于叶面，然后化蛹。6月上旬出现第1代成虫。第2代成虫于8月中旬至9月上旬出现，10月底至11月上中旬进入越冬期。成虫历期为98 ~ 201天，雌雄比例1∶1。成虫多次交尾产卵。出蛰后飞到新萌发的叶片上活动取食、交尾产卵。卵主要产于叶柄、当年生嫩枝、叶片背面，成块状。每头雌虫平均产卵131块，最多产卵274块，数十粒聚集在一起，竖立成块。第1代卵历期为9天，第2代为7天。幼虫发育5龄，3龄前活动能力差。第1代历期22 ~ 26天，第2代21 ~ 24天；蛹历期第1代6天，第2代5天。成虫、幼虫均取食叶片进行为害。每年有2次为害高峰期，即5月下旬至6月中旬和7月下旬至8月中旬。成虫飞行距离50 ~ 100m，雌雄均无趋光性。

【防治】参考柳蓝叶甲防治。

43. 白蜡梢突距甲

【分布为害】白蜡梢突距甲［*Temnaspis nankinea*（Pic）］属鞘翅目叶甲总科负泥虫科距甲亚科突距甲属，别名白蜡梢叶甲、白蜡梢金花虫。分布于我国的山东、河南（许昌市、永城、宁陵）、江苏、浙江等省。成虫、幼虫为害，幼虫生活在植物的茎干中。但以成虫为害较重，主要为害白蜡树幼苗嫩梢，严重影响当年高生长。

【形态特征】成虫：体长8mm，宽4mm，全体被棕黄色毛。头、胸、触角及足黑色（雄虫后腿节端部和胫节基部一般为棕黄色），鞘翅、后胸有前侧片及腹部全为棕黄色。头伸向前下方，有细而稀的刻点，额宽阔，额与唇基之间有1条明显的横沟，头顶中央有一深凹陷，复眼凹陷明显。触角长度约为体长的1/3，第1节粗，第2 ~ 4节较细，第5节后各节宽阔，目内端触角伸出呈锯齿状。前胸背板近乎方形，宽大于长，基部两侧具有一个小瘤状凸起。小盾片倒梯形，后缘常微凹，表面有细而稀的刻点和毛。中胸发育为1块椭圆形发育挫，位于小盾片前方，背面为前胸背板所覆盖，鞘翅宽于前胸背板，肩胛突出，两侧近平形，两翅在端部合成圆形。腹末外露。足发达，后腿节膨大，端部下缘具一对小齿，内外各一，雄虫腿节更为发达，下缘近中部还有一个较大的齿，后胫节向内弯曲，末端伸出，后胫节端部有2个距。胫节弯曲度更大，呈圆弧形，跗节有爪间突，雌雄除后足端距不同外，主要是雌虫腹末端内凹，而雄虫则不凹入。卵：长形，中部稍弯曲，一端稍大，长2mm左右，淡黄至黄色。孵化前两端呈白色透明状。幼虫：体长12 ~ 18mm，头向前下方伸出，前胸背板骨化较强。胸足退化。腹末端有一对角状突。体表面有瘤突。蛹：白色，表面有稀疏的毛，每根毛着生在1个小突起或瘤突上。

白蜡梢突距甲成虫

【发生规律】每年发生1代，以成虫在土下12cm左右深的土室中过冬。翌春4月上旬，成虫大量出土并取食、交配，4月中旬为成虫盛发期，产卵于嫩梢内。幼虫孵化后蛀入梢内为害。6—7月幼虫老熟后向外咬孔钻出，坠入土中作土室化蛹：成虫羽化后即在土室中过冬。成虫有群集性，每丛白蜡条上一般有成虫5 ~ 8头，最多达20头。成虫在晴朗白天气温较高及闷热时较活跃，大量交尾并作短距离飞行。遇阴雨、气温较低时，一般趴伏在植株下部，很少活动。遇大风雨时，则隐蔽在白蜡树下部的缝隙及枯叶、土缝中。夜间成虫栖息于白蜡树上。成虫为害，喜食幼苗嫩茎，很少食叶，致使叶枯萎。雌雄成虫交尾时间长短不一，短则十几分钟，长则1小时以上，1对成虫1小时内可交尾3 ~ 4次，交尾后3 ~ 5天开始产卵。4月中旬为产卵盛期。雌虫产卵前，选择直径4 ~ 5mm的嫩梢，以前足抱握嫩梢咬一周，梢顶断落，然后咬一小孔，将卵产入，再将产卵处两侧的叶片自叶柄咬断，方始离去。每产一粒卵：咬断一株苗梢。上端伤口处干缩成一小喇叭口，这是识别产卵枝的重要标志。成虫寿命一般为10 ~ 15天。卵经10 ~ 15天孵化，幼虫即在嫩梢内向下蛀食，仅取食嫩梢内部一侧，其嚼碎物常塞满隧道。粪便一般自产卵孔及梢顶排出。幼虫共4龄，经过30 ~ 40天，老熟后咬破下端枝皮，直接坠入土中作室化蛹。成虫羽化后，即在原处不动过冬。被害梢长3 ~ 4cm。

【防治】

（1）成虫发生期，发动群众早晚捕杀。

（2）剪除产卵枝梢及幼虫为害梢。

（3）幼虫老熟入土前，在林地放养鸡鸭啄食。

（4）成虫发生时，喷洒90%敌百虫或80%乐果1 000倍液。

（5）幼虫为害期，喷洒25%灭幼脲1 000倍液。

44. 黄栌胫跳甲

【分布为害】黄栌胫跳甲（*Ophrida xanthospilota* Baly）属于鞘翅目叶甲科，又称黄点直缘跳甲，是为害黄栌的主要害虫之一。幼虫主要取食黄栌的花蕾、幼芽、嫩叶，以食叶片为主。严重时可将黄栌叶片吃光，仅留下叶柄和较粗的叶脉。影响黄栌生长和景观质量，所以防治黄栌胫跳甲主要是杀灭幼虫。

【形态特征】成虫：长椭圆形，体长6 ~ 9mm，雄虫较小，雌虫较大。体棕黄色，略有光泽，背面拱起。复眼黑色，卵圆形。触角丝状，12节，黄褐色，最后2节颜色较深，各节端部有刚毛。前胸背板色淡，浅刻点疏密不均。前翅棕褐色，有10条纵行刻点列，点列之间密布圆形、椭圆形黄白色斑点列10条。后足腿节发达，善跳跃。卵：圆柱形，金黄色，长1mm左右。幼虫：初孵时黄色，后变为紫褐色，个别幼虫

黄栌胫跳甲成虫

变为黄绿色，老熟幼虫体长 8 ~ 13mm，头黑褐色，体躯被有无色透明光亮的黏液，似蜡膜状，有胸足 3 对，无腹足，头、前胸背板、足、胴体腹面有刚毛。幼虫取食期间，体背上沾满黑色黏条状虫粪。蛹：为离蛹椭圆形，体长 5 ~ 8mm，淡黄色，由后胸至腹部第 6 节背面有 1 条纵沟。土茧，椭圆形或卵圆形，6 ~ 10mm，由细土粒黏着而成。

【发生规律】在北京、河北地区 1 年发生 1 代，经卵、幼虫、蛹、成虫 4 个虫态完成一个世代。该虫以卵在小枝杈、树干疤痕处、树皮缝中越冬或以成虫在树下越冬。翌年 4 月初越冬卵开始孵化，4 月中旬为孵化高峰期。5 月初幼虫进入暴食期，5 月上旬老熟幼虫下树寻找化蛹场所。5 月上旬始见蛹，5 月中旬为化蛹高峰期。6 月初始见成虫，6 月中旬大量成虫出现并开始交尾，6 月下旬成虫产卵：产卵期可至 10 月底成虫陆续死亡。黄栌胫跳甲成虫期只做少量的营养补充，它的为害期主要集中在幼虫期，4—5 月为幼虫为害盛期，8—9 月为成虫为害期，其中尤以 4、5 龄幼虫取食量最大，占到整个取食量的 80% 之多。在这个时期可以导致黄栌的叶子被全部吃光。幼虫取食期间，体上沾满墨绿色或黑色黏条状虫粪不见幼虫，对幼虫有很好的保护作用。卵多产在黄栌枝干上的棱角或凹凸不平处，如枝干的分杈处、翘皮裂缝、伤疤、枝痕、休眠芽上侧等处，以一、二、三年生的枝丫处最多，有时在往年的卵堆上产卵也很多。卵成块状，每次产卵 1 块，每块 10 ~ 21 粒，每头雌虫一生产卵 60 次左右，产卵 900 ~ 1 260 粒。成虫产卵时先分泌绿色糊状物与枝干黏合，而后一边分泌糊状物一边产卵，分泌物在上面卵在下面，两侧的分泌物与枝干黏合，产完卵后继续分泌一些糊状物与枝干黏合，把卵块密封在枝干和分泌物中间。虫口密度大时卵块层层叠叠堆积在枝丫处。成虫很少起飞，偶尔可短距离飞翔，善爬行和跳跃，避敌方式以跳跃为主。

【防治】

（1）生物防治上。黄栌胫跳甲卵期的天敌有赤眼蜂、跳小蜂等，幼虫的天敌主要是蠋蝽。

（2）人工防治。黄栌胫跳甲幼虫只有3对胸足，且足又短又细，因此附着和爬行能力极差，容易被震落，而黄栌为灌木至小乔木，一般树高在3m以下，便于敲震。利用幼虫和黄栌树的独特特点，在幼虫期通过敲震树体的方法，可以有效地将黄栌胫跳甲幼虫震落树下，从而达到杀灭虫害的目的。

（3）药剂防治。可采用1%苦参碱1 500倍稀释液、3%高渗苯氧威3 000倍液、25%甲萘威可湿性粉剂400～600倍液或90%敌百虫1 000倍液；也可喷洒仿生制剂灭幼脲进行防治。

45. 茄二十八星瓢虫

【分布为害】茄二十八星瓢虫［*Henosepilachna vigintioctopunctata* (Fabricius)］属鞘翅目瓢虫科，成虫和幼虫食叶肉，残留上表皮呈网状，严重时全叶食尽。

【形态特征】成虫：体长6mm，半球形，黄褐色，体表密生黄色细毛。前胸背板上有6个黑点，中间的2个常连成1个横斑；每个鞘翅上有14个黑斑，其中第2列4个黑斑呈直线，是与马铃薯瓢虫的显著区别。卵：长约1.2mm，弹头形，淡黄至褐色，卵粒排列较紧密。幼虫：共4龄，末龄幼虫体长约7mm，初龄淡黄色，后变白色，体表多枝刺，其基部有黑褐色环纹。蛹：长5.5mm，椭圆形，背面有黑色斑纹，尾端包着末龄幼虫蜕皮。

黄栌胫跳甲成虫

【发生规律】分布北起黑龙江、内蒙古，南抵台湾、海南及广东、广西、云南，东起国境线，西至陕西、甘肃，折入四川、云南、西藏。长江以南密度较大。雌成虫将卵块产于叶背。初孵幼虫群集为害，稍大分散为害。老熟幼虫在原处或枯叶中化蛹。卵期5～6天，幼虫期15～25天，蛹期4～15天，成虫寿命25～60天。

【防治】

（1）人工捕捉成虫。利用成虫的假死性，用盆承接，并叩打植株使之坠落，收集后杀灭。人工摘除卵块，雌成虫产卵集中成群，颜色艳丽，极易发现，易于摘除。

（2）药剂防治。在幼虫分散前及时喷洒下列药剂：2.5% 氯氟氰菊酯乳油 4 000 倍液、21% 增效氰马乳油 5 000 倍液、50% 辛硫磷乳油 1 000 倍液。

46. 杨梢叶甲

【分布为害】杨梢叶甲（*Parnops glasunowi* Jacobson）属鞘翅目叶甲科，又名杨梢金花虫、咬把虫，分布于河南、河北、山西、陕西、甘肃、宁夏、北京、内蒙古、辽宁、吉林、江苏等省（市、自治区）。成虫取食杨、柳树幼苗及大树嫩梢和叶柄。它是杨柳科植物的重要叶部害虫，成虫咬断新梢或咬断叶柄，造成大量落叶，为害严重时会使全部树叶落光。

【形态特征】成虫：体长 5 ~ 6.5 mm，体长形，底色黑或黑褐色，密被灰白色鳞片状毛。头宽，基部嵌于前胸内。触角黄褐色。前胸背板宽大于长，与鞘翅基部约等宽，侧边平直，前角圆形，后角成直角。小盾片舌形。鞘翅两侧平行，端部狭圆，基部狭隆起。足粗壮，淡棕色，中、后足胫节端部外侧稍凹切，1 ~ 3 跗节宽，稍呈三角形，爪纵裂。卵：长约 0.7mm，长椭圆形，乳黄色。幼虫：体长 10mm 左右，头尾略向腹面弯曲，形似新月。头部乳黄色，胸腹白色。腹部仅气门线上毛瘤较显著，腹末具 2 个角状突起尾刺。蛹：长 6.2mm，乳白色，前胸背板具黄色刚毛，尾节有两簇刚毛。

杨梢叶甲成虫

【发生规律】年发生 1 代，以老熟幼虫在林内高燥地段土壤中越

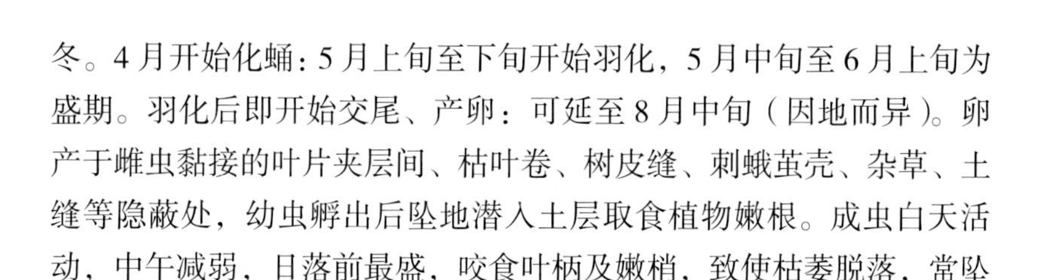

冬。4月开始化蛹：5月上旬至下旬开始羽化，5月中旬至6月上旬为盛期。羽化后即开始交尾、产卵：可延至8月中旬（因地而异）。卵产于雌虫黏接的叶片夹层间、枯叶卷、树皮缝、刺蛾茧壳、杂草、土缝等隐蔽处，幼虫孵出后坠地潜入土层取食植物嫩根。成虫白天活动，中午减弱，日落前最盛，咬食叶柄及嫩梢，致使枯萎脱落，常坠满地面，为害甚为严重。6:00前潜伏不动，假死现象明显。

【防治】

（1）4月上旬幼虫化蛹前，结合中耕除草，用重耙破坏化蛹场所，成虫发生期于日出前震落捕杀成虫。

（2）90%敌百虫600倍液、2.5%溴氰菊酯或20%氰戊菊酯2 000 ~ 10 000倍液防治成虫效果较好。

## 第二节　蛀干虫害防治

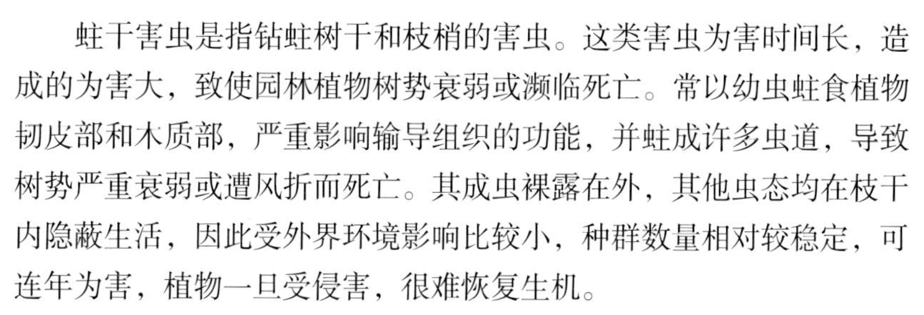

蛀干害虫是指钻蛀树干和枝梢的害虫。这类害虫为害时间长，造成的为害大，致使园林植物树势衰弱或濒临死亡。常以幼虫蛀食植物韧皮部和木质部，严重影响输导组织的功能，并蛀成许多虫道，导致树势严重衰弱或遭风折而死亡。其成虫裸露在外，其他虫态均在枝干内隐蔽生活，因此受外界环境影响比较小，种群数量相对较稳定，可连年为害，植物一旦受侵害，很难恢复生机。

### 1. 星天牛

星天牛［*Anoplophora chinensis* (Forster)］属鞘翅目天牛科，又名白星天牛，俗称铁炮虫、倒根虫。

【分布为害】中国辽宁以南、甘肃以东各省（区）都有分布。国外分布于日本、朝鲜、缅甸。为害多种花木。幼虫蛀害树干基部和主根，严重影响到树体的生长发育。主要为害悬铃木、樱花、紫薇、柑橘、榆树、刺槐、苹果、梨、山楂、樱桃、核桃、李、梅、无花果、馒头柳、柳树、栾树、元宝枫、杨、海棠、桑、榕树等。幼虫一般蛀食较大植株的基干，在木质部乃至根部为害，树干下有成堆虫粪，使植株生长衰退乃至死亡。初龄幼虫在产卵疤附近取食，3龄后蛀入木质部，成虫咬食嫩枝皮层，形成枯梢，也食叶成缺刻状。被害重的树，易风折枯死，削弱树势，影响树木生长。

星天牛成虫

星天牛幼虫

【形态特征】成虫：体长27～41mm，体翅黑色有光泽。触角鞭状12节，第1、2节黑色，3～11节每节基部呈蓝灰色，端部黑色，雄虫触角特别长，超过体长1倍。每鞘翅有大小不等的白色绒毛20个左右，鞘翅基部密布黑色小颗粒。卵：长椭圆形，长5～6mm，初产时乳白色，后渐变黄白色至灰褐色。幼虫：老熟幼虫体长38～60mm，头部褐色，体乳白至淡黄色，前胸背板前方左右各有一个黄褐色飞鸟斑纹，后方有一块黄褐色“凸”字形斑纹，略呈隆起。蛹：长30～38mm，乳白色，裸蛹，羽化前变褐色。

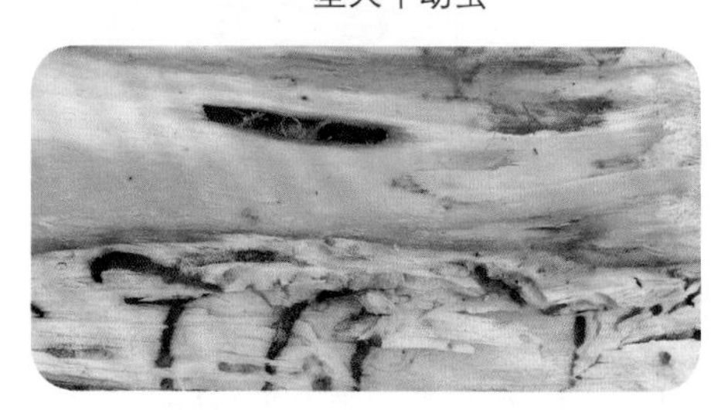

星天牛幼虫为害所蛀虫道

【发生规律】南方一年1代，北方2～3年1代，以老熟幼虫在枝干内越冬。翌年5月中下旬化蛹，蛹期约20天。成虫5－7月出现，成虫白天飞翔，咬食枝条嫩皮补充营养，10～15天后才交尾，交尾后 3 ~ 4 天于树干近地面处咬一“T”形或“八”字形刻槽，每槽产卵 1 粒，产卵后分泌一种胶状物质封口，每产 1 粒卵，便在干皮上造成约 1cm$^2$ 的韧皮层坏死。每头雌虫可产卵 20 ~ 30 粒，最多可达 71 粒，星天牛在各地一年发生 1 代，以幼虫在树干基部或主根木质部蛀道内越冬。多数地区在翌年 4 月化蛹，4 月下旬至 5 月上旬成虫开始外出活动，5 — 6 月为活动盛期，至 8 月下旬、个别地区至 9 月上中旬仍有成虫出现。5 月至 8 月上旬产卵，以 5 月下旬至 6 月上旬产卵最盛。低龄幼虫先在韧皮部和木质部间横向蛀食，3 龄后蛀入木质部。10 月中旬后幼虫越冬。成虫飞出后，白天活动，以上午最为活跃。阴天或气温达 33℃以上时多栖于树冠丛枝内或阴暗处。成虫补充营养时取食叶柄、叶片及小枝皮层，补充营养后 2 ~ 3 天交尾，成虫一生进行多次交尾和多次产卵。

【防治】

（1）严把植物检疫关，杜绝带虫苗木进入本地。

（2）捕捉成虫。5—6 月成虫活动盛期，多次巡视捕捉成虫。

（3）毒杀成虫和防止成虫产卵。在成虫活动盛期，用 80% 敌敌畏乳油或 40% 乐果乳油等，掺和适量水和黄泥，搅成稀糊状，涂刷在树干基部或距地在 30 ~ 60cm 的树干上，可毒杀在树干上爬行及咬破树皮产卵的成虫和初孵幼虫，还可在成虫产卵盛期用白涂剂涂刷在树干基部，防止成虫产卵。

人工防治（注射治疗）

（4）刮除卵粒和初孵幼虫。6—7 月发现树干基部有产卵裂口和流出泡沫状胶质时，即刮除树皮下的卵粒和初孵幼虫。并涂以石硫合剂或波尔多液等消毒防腐。

（5）毒杀幼虫。树干基部地面上发现有成堆虫粪时，将蛀道内虫粪掏出，塞入或注入以下药剂毒杀：

①用布条或废纸等蘸 80% 敌敌畏乳油或 40% 乐果乳油 5 ~ 10

倍液，往蛀洞内塞紧；或用兽医用注射器将药液注入。

②钩杀幼虫：幼虫尚在根颈部皮层下蛀食，或蛀入木质部不深时，及时进行钩杀。

③简易防治：利用包装化肥等编织袋，洗净后裁成宽 20 ~ 30cm 的长条，在星天牛产卵前，在易产卵的主干部位，用裁好的编织条缠绕 2 ~ 3 圈，每圈之间连接处不留缝隙，然后用麻绳捆扎，防治效果甚好。通过包扎阻隔，天牛只能将卵产在编织袋上，其后天牛卵就会失水死亡。

④治疗受害树：在清明至立夏期间根系生长高峰期，选择晴天，挖开受星天牛为害树的根颈部土块，用锋利小刀刮除伤口残渣，使伤口呈现新鲜色泽，在伤口处涂上生根粉（不涂也可），然后将肥土堆放在伤口周围，并盖上薄膜块，薄膜块上端紧贴树干用麻绳捆扎牢实，下端铺开在肥土上，最后盖上挖出的泥土并压紧。不久，伤口即产生愈伤组织，重新发出新根，植株恢复生机。

2. 光肩星天牛

【分布为害】光肩星天牛［*Anoplophora glabripennis* (Motschulsky)］，别名光肩天牛、柳星天牛、花牛等。分布于华北、东北、西北、华中、华东、华南。主要为害榆树、刺槐、桑、悬铃木、樱花、紫薇、苹果、梨、山楂、樱桃、李、梅、无花果、馒头柳、柳树、栾树、元宝枫、杨、海棠、榕树等。成虫啃食叶和嫩枝的皮；初龄幼虫在产卵疤附近取食，3 龄后蛀入木质部内蛀食，向上蛀食，形成不规则的“S”形或“U”形隧道，坑道内有粪屑，削弱树势，重者枯死。

光肩星天牛刻槽产卵

【形态特征】成虫：体长 17 ~ 39mm，漆黑色有光泽。前胸背板有皱纹和刻点，两侧各有一个棘状突起。触角丝状 11 节，第 1、2 节黑色，其余各节端部 2/3 黑色，基部 1/3 具淡蓝色绒毛，故触角呈黑、淡蓝相间的花纹。鞘翅上有 20 个左右的白色斑点，基部光滑，无瘤状颗粒。卵：长 5.5mm，长椭圆形，两端稍弯曲，初为乳白色，近孵化时呈黄褐色；幼虫体长 50 ~ 60mm，乳白色，无足，头大部分缩入前胸内，外露部分深褐色，体乳白至淡黄白色，前胸背板后半部具褐色“凸”字形斑纹，凸顶中间有 1 纵裂缝；腹板的主腹片两侧无锈色卵形针突区，这一点是与星天牛相区别的重要特征。蛹：长 30mm，离蛹，初乳白羽化前黄褐色。

人工锤子击卵

光肩星天牛刻槽产卵

【发生规律】在中原地区两年一代，以幼虫在树干内越冬，翌年 4 月越冬幼虫开始活动为害，5 月上旬至 6 月下旬为幼虫化蛹期，6 月上旬开始出现成虫：盛期在 6 月下旬至 7 月下旬，直到 10 月仍有个别成虫活动。6 月中旬成虫开始产卵，7—8 月为产卵盛期，卵期 16 天左右。6 月底开始出现幼虫，11 月开始越冬。

【防治】

（1）加强植物检疫。

（2）及时伐除衰老的虫源树。冬季修剪时，及时锯掉多虫枝，集中处理。

（3）人工防治。当发现新蛀屑和瘤时，及时用小刀刮掉虫瘿，或用铁条沿蛀孔捅入，直至捅不动为止，从而将幼虫捅死在蛀道内。6—8 月人工捕捉成虫。7 月上旬至 9 月下旬，锤击产卵疤，每 10 天组织人员仔细搜索每株树的新产卵疤一次，用锤击之，达到击死卵及初孵幼虫的目的。

（4）药剂防治。4—5 月采用昆虫病原线虫虫液注孔浇灌，利用线虫杀死天牛幼虫。在 7 月中旬和 8 月上旬，在基部刮去表皮成环状带（宽 10 ~ 30cm），用 40% 氧化乐果原液 1 倍液、20% 菊·杀乳油 10 倍液或 1 ∶ 20 煤油与溴氰菊酯混合液涂带，毒杀初孵幼虫。8—9 月幼虫初孵化盛期，往有产卵槽的枝干上喷洒 20% 菊·杀乳油 500 ~ 800 倍液。

3. 云斑天牛

【分布为害】云斑天牛（*Batocera lineolata* Chevrolat）。分布于河北、山东、山西、河南、陕西、江苏、浙江、福建、安徽、湖北、江西、湖南、广东、广西、四川、贵州、云南、台湾。主要为害核桃、栗、苹果、山楂、梨、桑、乌桕、泡桐、枫杨、悬铃木、垂柳、无花果、枇杷等。成虫食叶和枝皮；幼虫蛀食枝干皮层和木质部，削弱树势，严重者会导致树木枯死。

【形态特征】成虫：黑褐色，体表密布灰青色或黄色绒毛。前胸背板中央具肾状白色毛斑一对，横列，小盾片舌状，覆白色绒毛。鞘翅基部 1/4 处密布黑色颗粒，翅面上具不规则白色云状毛斑，略呈 2 ~ 3 纵行。体腹面两侧从眼后到腹末具白色纵带一条。卵：长 7 ~ 9mm，初产时乳白色，后逐渐变成黄白色，长椭圆形，略弯曲。幼虫：体长稍扁，乳白色至黄白色，头稍扁平，深褐色，长方形，1/2 缩入前胸，外露部分近黑色，唇基黄褐色。前胸背板近方形，橙黄色，中后部两侧各具一条凹纵槽，前部有细密刻点，中后部具暗褐色颗粒状凸起，背板两侧白色，上具橙黄色半月形斑一个。后胸和 1 ~ 7 腹节背、腹面具步泡突。蛹：长 40 ~ 90mm，初乳白色，后半黄褐色。

云斑天牛成虫（左雌，右雄）

云斑天牛幼虫

【发生规律】华北地区 2 ~ 3 年 1 代，以幼虫和成虫在蛀道内和蛹室中越冬。5—6 月成虫大量出现，补充营养交尾产卵，在树干上咬圆形或椭圆形小刻槽将卵产下。6 月中旬进入孵化盛期初孵幼虫皮层蛀成三角形蛀道，排出木屑和虫粪。致树皮胀裂。是识别云斑天牛为害的重要特征。后蛀入木质部并不断向上蛀食为害。第一年以幼虫越冬，翌春继续为害，8 月中旬老熟幼虫在蛀道内作蛹室化蛹，9 月中下旬成虫羽化后在蛹室内越冬。

云斑天牛虫道

【防治】参照光肩星天牛的防治。

4. 锈色粒肩天牛

【分布为害】锈色粒肩天牛［*Apriona swainsoni* (Hope)］。国内分布于河南、山东、福建、广西、四川、贵州、云南、江苏、湖北、浙江等省。国外分布于越南、老挝、印度、缅甸等国家。主要为害槐树、柳树、云实、黄檀、三叉蕨等植物。在河南为害 10 年生以上国槐的主干或大枝，以郑州、开封、洛阳、商丘、许昌、濮阳等大中城市及部分县行道树受害为重。主要以幼虫为害寄主的韧皮部及木质部。初孵幼虫自韧皮部垂直蛀入边材，沿枝干最外年轮的春材部分横向蛀食，又向内蛀食。蛀道呈“Z”字形。成虫取食新梢嫩皮补充营养，被食部位边缘整齐，不善飞翔，受到震动极易落地。在树皮裂缝等处做产卵巢产卵，再用草绿色分泌物覆盖于卵上。

【形态特征】成虫：雄虫体长 28 ~ 33mm，宽 9 ~ 11mm；雌虫体长 33 ~ 39mm，体宽 11 ~ 13mm。体长方形，黑色或黑褐色，全身密被锈色短绒毛。头、胸及鞘翅基部颜色较暗。头部额高大于宽，两侧弧形向内凹入，中沟明显，直达后头后缘。触角 10 节，第 4 节中部以上各节黑褐色，第 4 节以后各节外端角突出，末节渐尖锐。雌虫触角较体稍短，雄虫触角较体略长。前胸背板宽大于长，有不规则的粗皱凸起，前、后端 2 条横沟明显，两侧刺突发达。鞘翅基部色较深，肩角向前微突，近直角，翅基 1 / 5 部分密布黑色光滑小刻点，翅表散布许多不规则的白色细毛斑。体腹面中胸侧板、后胸腹板和侧板、第 1 腹节中部、第 1 ~ 4 腹节两侧各有 1 个明显的白色细毛斑。翅端平切，缝角和缘角均具有小刺，缘角小刺短而较钝，缝角小刺长而较尖。卵：长椭圆形，长径黄白色。幼虫：老熟幼虫体长 76mm，前胸背板宽 13mm。体圆筒形略扁，第 9 腹节向后伸，超过尾节。前胸背板骨化区近方形，色较其他部位深，前部中央突出呈弧形，正中有一浅色的纵沟。蛹：纺锤形，长 45 ~ 50mm，宽 12 ~ 15mm。初为乳白色，渐变为淡黄色。头部中沟深陷，口上毛 6 根，触角向后背披，末端卷曲于腹面两侧。翅超过腹部第 3 节，腹部背面每节后缘有横列绿色粗毛。

锈色粒肩天牛成虫

锈色粒肩天牛蛹

【发生规律】该天牛的成虫不善飞翔，主要是以各种虫态借助寄主植物的调运作远距离传播。该虫在河南 2 年 1 代，以幼虫在枝干木质部虫道内越冬。越冬幼虫 5 月上旬开始化蛹，蛹期 25 ~ 30 天。6 月上旬至 9 月中旬出现成虫，取食新梢嫩皮补充营养；雌成虫一生可多次交尾、产卵。产卵期在 6 月中下旬至 9 月中下旬，卵期 10 天。7 月中旬初孵幼虫自产卵槽下直接蛀入边材为害，11 月上旬在虫道尽头做细小纵穴越冬。翌年 3 月中下旬继续蛀食，11 月上旬老熟幼虫在虫道尽头做凹穴越冬。幼虫历期 22 个月。

【防治】参照光肩星天牛的防治。

锈色粒肩天牛虫道及为害状

锈色粒肩天牛幼虫

5. 桃红颈天牛

【分布为害】桃红颈天牛 (*Aromia bungii* Faldermann) 属鞘翅目天牛科。主要分布于北京、东北、河北、河南、江苏等地。在辽宁、陕西、内蒙古、山西、山东、浙江、湖北、江西、湖南、福建、广东、香港、广西、四川、贵州、云南，兰州、甘南（舟曲、迭部）、平凉、庆阳（正宁、宁县、华池）、天水（甘谷）、陇南（武都）等地亦有发生。是桃树的重要蛀干害虫，为害桃、杏、李、梅、樱桃等，也为害柳、杨、栎、柿、核桃、花椒等。以幼虫蛀食枝干皮层和木质部，使树势衰弱，寿命缩短，严重时成片死亡。

【形态特征】成虫：体黑色，有光亮；前胸背板红色，背面有 4 个光滑疣突，具角状侧枝刺；鞘翅翅面光滑，基部比前胸宽，端部渐狭；头黑色，腹面有许多横皱，头顶部两眼间有深凹；雄虫触角成虫有两种色型：一种是身体黑色发亮和前胸棕红色的“红颈型”，另一种是全体黑色发亮的“黑颈”型。雄虫触角超过体长 4 ~ 5 节，雌虫超过 1 ~ 2 节，体长 28 ~ 37mm。卵：圆形，乳白色，长 6 ~ 7mm。幼虫：老熟幼虫体长 42 ~ 52mm，乳白色，前胸较宽广。身体前半部各节略呈扁长方形，后半部稍呈圆筒形，体两侧密生黄棕色细毛。蛹：体长 35mm 左右，初为乳白色，后渐变为黄褐色。前胸两侧各有一刺突。

桃红颈天牛成虫

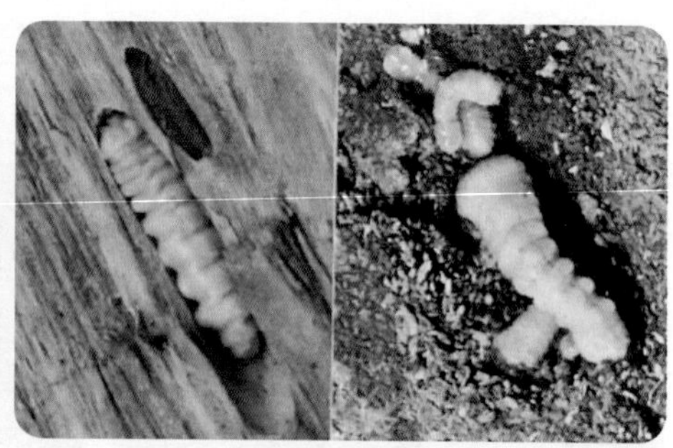
桃红颈天牛幼虫

【发生规律】此虫一般2年、少数3年，发生1代，以幼龄幼虫第1年和老熟幼虫第2年越冬。成虫于5–8月出现；各地成虫出现期自南至北依次推迟。福建和南方各省于5月下旬成虫盛见；湖北于6月上中旬成虫出现最多；成虫终见期在7月上旬。河北于7月上中旬盛见成虫；山东于7月上旬至8月中旬出现成虫；北京7月中旬至8月中旬为成虫出现盛期。寄主萌动后该虫开始为害。幼虫蛀食树干，初期在皮下蛀食逐渐向木质部深入，钻成纵横的虫道，深达树干中心，上下穿食，并排出木屑状粪便于虫道外。河北、山西、山东成虫发生期为7月上中旬至8月下旬。成虫在6月间开始羽化，成虫羽化后在蛀道内停留3 ~ 5天出树，交尾产卵。卵多产于距地面35cm以内树干上，卵期1周左右，产卵后成虫几天就死亡，孵化后蛀入皮层，随虫体增长逐渐蛀入韧皮部与木质部为害，蛀道多由上向下蛀食成弯曲的隧道，隔一定距离向外蛀1个通气排粪孔。受害的枝干引起流胶，生长衰弱。幼虫在树干的虫道内蛀食两三年后，老熟幼虫在虫道内作茧化蛹。入冬后，幼虫休眠，翌春开始活动，循环往复，年年如此。

【防治】

（1）捕捉成虫。6—7月，成虫发生盛期，于6：00时以前或大雨过后太阳出来时利用从中午到15：00时前成虫有静息枝条的习性，进行人工捕捉。用绑有铁钩的长竹竿，钩住树枝，用力摇动，害虫便纷纷落地，逐一捕捉。

（2）刺杀幼虫。9月前孵化出的桃红颈天牛幼虫即在树皮下蛀食，这时可在主干与主枝上寻找细小的红褐色虫粪，一旦发现虫粪，即用锋利的小刀划开树皮将幼虫杀死。也可在翌年春季检查枝干，一旦发现枝干有红褐色锯末状虫粪，即用锋利的小刀将在木质部中的幼虫挖出杀死。及时砍伐受害死亡的树体，也是减少虫源的有效方法。

（3）药剂防治。根据害虫的不同生育时期，采取不同的方法。6—7月成虫发生盛期和幼虫刚刚孵化期，在树体上喷洒50%杀螟硫磷乳油1 000倍液或10%吡虫啉2 000倍液，7 ~ 10天1次，连喷几次；亦可虫孔施药，大龄幼虫蛀入木质部，喷药对其已无作用，可采取虫孔施药的方法除治，清理树干上的排粪孔，用一次性医用注射器，向蛀孔灌注50%敌敌畏800倍液或10%吡虫啉2 000倍液，然后用泥封严虫孔口；在幼虫为害期，用1份敌敌畏、20份煤油配制成药液涂抹在有虫粪的树干部位；亦可用植物百部根切成段塞入虫孔，并将孔封严熏杀幼虫。

6. 合欢吉丁虫

【分布为害】合欢吉丁虫（*Chrysachma* fulminans）属鞘翅目吉丁虫科，是华北地区合欢树的主要蛀干害虫之一，其幼虫蛀食树皮和木质部边材部分，破坏树木输导组织，严重时造成树木枯死。

【形态特征】成虫：雌虫体长3.9 ~ 5.1mm，雄虫体长3.8 ~ 4.5mm，宽1.6 ~ 1.8mm，紫铜色，稍带金属光泽，鞘翅无色斑。头部铜绿色，具蓝色金属光泽，有均匀小凸起，颜面密生淡黄白色细毛。复眼肾形、深褐色、明显突出，下缘稍尖。触角黑色，锯齿状，11节，比头胸部略短。前胸背部密布小纹突，后缘小盾片钻石状。鞘翅密布小突点，末端略钝圆。雄虫腹部末端略尖，雌虫腹部末端稍钝圆。卵：椭圆形，黄白色，长1.3 ~ 1.5mm，略扁。幼虫：老熟时体长8 ~ 11mm，扁平，由乳白色渐变成黄白色，无足。头小，黑褐色；前胸膨大，背板中央有1条褐色纵凹纹；腹部细长，分节明显。蛹：裸蛹，长4.2 ~ 5.5mm，宽1.6 ~ 1.9mm，初乳白色，后变成紫铜绿色，略有金属光泽。

合欢吉丁虫成虫

合欢吉丁虫幼虫

【发生规律】在河南、河北、山东、北京，1年1代，6月下旬以老熟幼虫在被害树干内过冬。翌年在隧道内化蛹，6月上旬合欢树花蕾期成虫开始羽化外出，常在树皮上爬动，并到树冠上咬食树叶。多在干和枝上产卵，每处产卵一粒，幼虫孵化潜入树皮为害，到9—10月被害处流出黑褐色胶，一直为害到11月幼虫开始越冬。

【防治】

（1）加强检疫，防止吉丁虫随着绿化苗木传播蔓延。对树木，尤其是新栽苗木，应加强养护管理，不断补充水分，使之生长旺盛，保持树干光滑，而杜绝成虫产卵。或虽已产卵，也可抑制其孵化。

（2）在5月成虫羽化前，及时清除枯枝、死树或被害枝条，以减少虫源和蔓延；进行树干涂白，防止产卵，6月上旬成虫羽化期往树冠、干、枝上喷1 500 ~ 2 000倍液的20%氯氰菊酯乳油等杀成虫。

（3）人工捕成虫：在早晨露水未干前震动树干，震落后将其踩死或用网捕处死。在发现树皮翘起，一剥即落并有虫粪时，立即掏去虫粪，捕捉幼虫，如幼虫已钻入木质部，可沿隧道钩除幼虫，或用小刀戳死。

（4）幼虫初在树皮内为害时，往被害处涂煤油溴氰菊酯混合液（1 ∶ 1），杀树皮内幼虫。

（5）注意栽前苗木的检疫工作，栽后加强管理，及早发现虫害，及时清除枯株，减少虫源及蔓延。

7. 合欢双条天牛

【分布为害】合欢双条天牛［*Xystrocera globosa* (Olivier)］又名双条合欢天牛。分布于东北、河北、山东、浙江、江苏、四川、广东、广西、台湾等地。主要为害合欢、桑树、国槐、榕树、圆柏等，可造成观赏树木的大批死亡，降低木材利用和绿化观赏效果。

【形态特征】成虫：体长 22 ～ 26mm，宽 5 ～ 6mm，体棕色或黄棕色。背板中央及两侧有金绿色纵纹。鞘翅色较浅，每翅中央有一条蓝绿色纵纹。鞘翅刻点粗密。每翅有 3 条纵脊纹。老熟幼虫：体长 50mm 左右，乳白色；前胸背板前缘有 6 个灰褐色斑纹，胸足 3 对。

合欢双条天牛成虫

【发生规律】2 年 1 代，翌春越冬幼虫在树皮下大量为害，成虫 6—8 月出现，有趋光性，卵产在树皮缝隙处。树皮脱落处，露出的木质部有幼虫蛀入时的长圆形孔。

【防治】

（1）人工捕杀成虫。成虫羽化期，可于 20：00 时左右捕杀。

（2）在幼虫孵化期，可在树干上喷洒杀螟硫磷。

（3）在树干基部等距离打小孔 3 ～ 4 个，孔深 3 ～ 5cm，注入 40% 乙酰甲胺磷乳油 1 ～ 3 倍稀释液，效果较好。

（4）在幼虫为害期，树盘浇灌 250 ～ 400 倍液的氧化乐果乳油，防治效果也比较理想。

8. 红脂大小蠹

【分布为害】红脂大小蠹［*Dendroctonus valens* (Le Conte)］属鞘翅目小蠹科海小蠹亚科大小蠹属。目前，已被列入我国首批外来入侵物种。原产于美国、加拿大、墨西哥、危地马拉和洪都拉斯等美洲地区。1998 年在我国山西省首次发现，为国内新记录种。1999 年年底，该虫在山西、河北、河南三省相继大面积发生，我国现分布于山西、陕西、河北、河南等地。主要为害油松、华山松等。红脂大小蠹从侵入树木到该树死亡，仅需 2 ~ 3 年的时间。

【形态特征】成虫：雄成虫体长 5.3 ~ 8.3mm，体色为红褐色，个别黑色。额不规则凸起，前胸背板宽，具粗的刻点，向头部两侧渐窄，不收缩，虫体稀被排列不整齐的长毛，雌虫与雄虫相似，但眼线上部中额隆起明显，前胸刻点较大，鞘翅端部粗糙，颗粒稍大。

红脂大小蠹雌成虫

红脂大小蠹雄成虫

【发生规律】河南省多为 1 年 1 代或 2 年发生 3 代。虫期不整齐，一年中除越冬期外，在林内均有红脂大小蠹成虫活动，高峰期出现在 5 月中下旬。雌成虫首先到达树木，蛀入内外树皮到形成层，木质部表面也可被刻食。在雌虫侵入之后较短时间里，雄虫进入坑道。当达到形成层时，雌虫首先向上蛀食，连续向两侧或垂直方向扩大坑道，直到树液流动停止。一旦树液流动停止，雌虫向下蛀食，通常达到根部。侵入孔周围出现凝结成漏斗状块的流脂和蛀屑的混合物。各种虫态都可以在树皮与韧皮部之间越冬，且主要集中在树的根部和基部。红脂大小蠹成虫飞行能力很强，飞行高度在 10 m 以上，飞行距离可达 16 km 以上，可自然扩散蔓延。因某些人为因素，如害虫发生地未经检疫和脱皮处理的松树原木、伐桩和疫区大树的调运可造成该虫的远距离传播。

红脂大小蠹为害状

【防治】

（1）虫孔注药。在发现虫孔有新的木屑排出，用兽用注射器往孔内注射敌敌畏等原液，注药后用泥封死侵入孔。

（2）土壤杀虫。在树坑基部直径 1.5m 范围内，撒入毒死蜱浅翻土壤 20cm 深，适时浇水，杀死根部附近的成虫。

（3）全树喷药。因小蠹成虫扬飞不整齐，应使用药效长的药物，时间分别在 4 月至 10 月底，除雨季外不间断喷药，间隔时间不宜超过 20 天，年喷次数不低于 9 次，药品为毒死蜱等，使用浓度为 800 倍液。

（4）“药陶土复配水溶胶”物理隔层涂抹。小蠹虫产卵时对已有防护措施的树木具有规避性，该方法不仅能够制止受侵害植物内的成虫出树并将其杀死，而且能有效阻止外来蠹虫对健康植物的为害。针对成虫扬飞时间不整齐，该方法时效长，实践证明有良好效果。

9. 日本双棘长蠹

【分布为害】日本双棘长蠹（*Sinoxylon japonicus* Lesne）属鞘翅目长蠹科。又称二齿茎长蠹、，分布于河北、苏州、合肥、西宁、青岛、昆明等地。为害海棠、紫荆、紫藤、红花羊蹄甲、合欢、柿、盐肤木、黑枣、槐和竹等。成虫与幼虫蛀食花木枝干，使枝条干枯或风折枝，幼树可全株死亡。被害初期外观没有明显被害状，等发现花木被害时，已为时过晚。该虫尤其喜欢为害树势衰弱的半干枝干。

【形态特征】成虫：体长 6mm 左右。体黑褐色，筒形。触角棕色，末端 3 节退化为单栉齿状。前胸背板发达，似帽状，可盖着头部。鞘翅密布初刻点，后端急剧向下倾斜，斜面有两个刺状凸起。

卵：白色，卵形，半透明。幼虫：体长 8mm 左右，乳白色，略弯曲。蛹：白色，离蛹形。

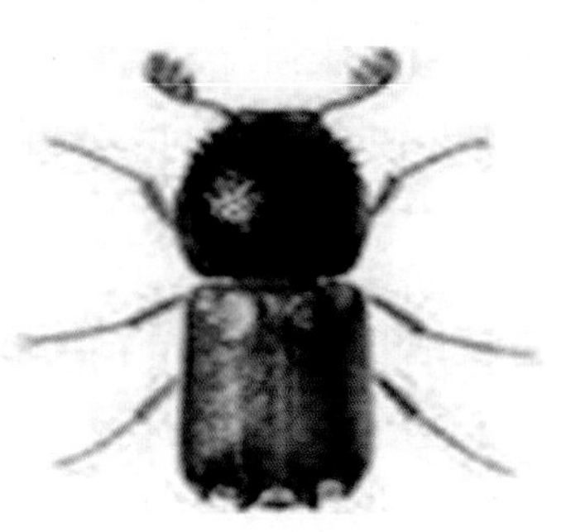
双齿长蠹成虫

【发生规律】华北地区 1 年发生 1 代。以成虫在枝干韧皮部越冬。翌年 3 月中下旬开始取食为害，4 月下旬成虫飞出交尾。将卵产在枝干韧皮部坑道内，每坑道产卵百余粒不等，卵期 5 天左右，孵化很不整齐。5—6 月为幼虫为害期，以 3—5 龄幼虫食量最大。5 月下旬有的幼虫开始化蛹，蛹期 6 天。6 月上旬可始见成虫：成虫在原虫道串食为害，并不外出迁移为害。在 6 月下旬至 8 月上旬成虫才外出活动，8 月中下旬又进入蛀道内为害。10 月下旬至 11 月初，成虫又转移到 1 ~ 3cm 直径的新枝条上为害，常从枝杈表皮粗糙处蛀入做环形蛀道，然后在其虫道内越冬。在秋冬季节大风来时，被害新枝梢从环形蛀道处被风刮断，影响翌年花木生长。

【防治】

（1）生物防治。设置人工鸟巢，招引益鸟灭虫。

（2）加强管理。注意检疫工作；合理灌水和施肥，提高抗虫性。

（3）药剂防治。3—4 月成虫外出交配期及 6—8 月成虫外出活动时，喷施 20% 氰戊菊酯 3 000 倍液。因成虫外出不整齐，要选用药效长的药剂。

10. 双条杉天牛

【分布为害】双条杉天牛（*Semanotus bifasciatus* Motschulsky），在我国华北、西北、东北、华中、华南、华东等地均有发生。双条杉天牛是一种钻蛀性害虫，主要为害罗汉松、桧柏、扁柏、侧柏、龙柏、千头柏、杉、柳杉、松等观赏树木。

幼虫取食于皮、木之间，切断水分、养分的输送，引起针叶黄化，长势衰退，重则引起风折、雪折，严重时很快造成整株或整枝死亡。直接影响杉、柏的速生丰产和优质良材的形成。是国家确定的35种检疫对象之一。防治比较困难。以幼虫蛀食林木，导致树势衰弱，针叶逐渐枯黄，常造成风折，甚至整株枯死。

双条杉天牛成虫（左雌，右雄）

【形态特征】成虫：体长9 ~ 15mm，体型阔扁，黑色，全身密被褐黄色短绒毛；前胸两侧弧形，背板上有5个光滑的小瘤突，排列成梅花形；鞘翅上有2条棕黄色或驼色横带。卵：椭圆形，白色。幼虫：末龄体长19mm左右，圆筒形，略扁，乳白色；前胸背板有1个“小”字形凹陷及4块黄褐色斑纹。蛹：长15mm左右，淡黄色，裸蛹。

【发生规律】双条杉天牛1年发生1代，以成虫在树干木质部的蛹室内越冬；少数2年发生1代，以幼虫在木质部边材的虫道内越冬。翌年3—4月越冬成虫咬1个羽化孔外出，不需进行补充营养，产卵于树干2m以下树皮缝内。卵期10~20天。初孵幼虫停留在树皮上取食皮层，1 ~ 2天后蛀入皮层为害，造成流脂；5月为害韧皮部和边材部分，在边材上形成明显的扁平虫道，虫道上下盘旋，有的横断树干，长度可达90 ~ 120cm，其内充满木屑和虫粪。为害树干的位置多在2m以下。7-9月幼虫蛀入木质部，虫道近圆形，塞满坚实蛀屑，一般向下蛀食一段距离后，即在靠近边材部位筑蛹室。8—10月幼虫在蛹室内化蛹。蛹期20 ~ 25天。一般9—11月羽化为成虫。双条杉天牛的为害，一般纯林重于混交林，中龄林重于幼龄林，郁闭度大的林分重于稀疏林分；健康木和衰弱木都能受害，但健康木受害后流脂多，幼虫可被树脂封死，故衰弱木受害往往重于健康木。

【防治】

（1）严格检疫，防止带虫苗木扩散蔓延。

（2）春季成虫期，利用信息素诱捕成虫；或利用饵木诱集成虫。然后在挂诱捕器的树上和在饵木上喷洒高效氯氟氰菊酯或 2.5% 高效氯氰菊酯 2 000 倍液，杀死诱集到的成虫。

（3）生物防治。7—8 月幼虫和蛹期释放管氏肿腿蜂，肿腿蜂：幼虫 =5 ∶ 1。

（4）化学防治。幼龄幼虫期 50% 氧化乐果 200 倍液等杀虫剂喷洒树干，20% 氰戊菊酯乳油或 2.5% 溴氰菊酯乳油 1 000 ~ 1 500 倍液喷射树干杀死幼虫。

11. 双斑锦天牛

【分布为害】［双斑锦天牛 *Acalolepta sublusca* (Thomson)］属鞘翅目天牛科。分布于上海、浙江、广东、华北、河北、陕西、江西、福建、四川。主要为害大叶黄杨、卫矛，其次为杨、榆、桑等树木，幼虫蛀食树干，成虫咬食树叶或小树枝皮和木质部。

【形态特征】成虫：体长 11 ~ 23mm，体宽 5 ~ 75mm。体栗褐色。前胸密被棕褐色具丝光绒毛，鞘翅密被光亮淡灰色绒毛，翅基部中央具 1 个圆形或近方形黑褐斑，肩下侧缘有 1 个黑褐色长斑，翅中部之后处具一丛侧缘至鞘缝的棕褐色宽斜纹，腹面被灰褐色绒毛。雄虫触角超过体长 1 倍，雌虫的超过体长之半，柄节粗大，端疤内侧开放，第 3 节大于柄节或第 4 节。前胸前板宽胜于长，侧刺突短小，基部粗大，胸面微皱，中央两侧散布粗刻点。小盾片近半圆形，鞘翅宽于前胸，向后显著狭窄。翅端圆形，翅面刻点细而稀。雄虫腹末节后缘平切，雌虫腹末节后缘中央微内凹。足粗壮，后腿伸达第 4 腹节。卵：长约 3mm，长圆筒形，乳白色，快孵化时颜色变为淡褐色。老熟幼虫：体长 18 ~ 25mm，米黄色，头部前端北面黑褐色，呈三角形。前胸背板有一长方形浅褐色斑块。前胸体节明显比其他各节大。足退化。蛹：长约 20mm，乳白色，老熟时复眼黑褐色，胸部褐色，触角细长卷曲呈钟条状，体形与成虫相似。

【发生规律】成虫羽化后，在蛹室内停留 3 ~ 5 天，然后咬破蛹室自羽化孔爬出，主要取食树皮，不食叶片，很少取食叶脉。排出的粪便呈黑色小颗粒状。成虫一般在晴天上午 10：00 以前及傍晚活动交尾、产卵，阴天可全日活动、取食。卵多产于树干距地面附近处，少数产于树干高处。卵产于皮层下或树干缝隙处。成虫好斗具有假死性，寿命 30 ~ 50 天。初孵幼虫先在产卵处附近皮下蛀食，不久就向下蛀食主干基部，在主干表面与木质部之间来回蛀食。天气干燥或久晴可见树蔸周围有白色木屑虫粪，潮湿或阴雨天可见褐色木屑虫粪。随虫龄增加，幼虫取食逐渐深入木质部，幼虫为害造成植株枯死或生长衰弱、植株变黄。幼虫常在土表层蛀道内化蛹。

双斑锦天牛成虫

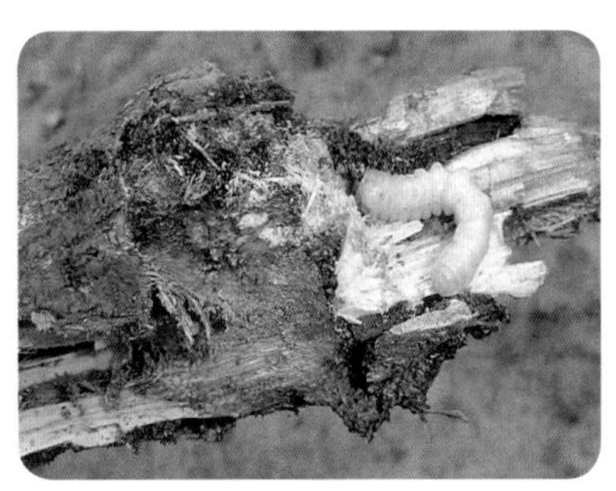

双斑锦天牛幼虫

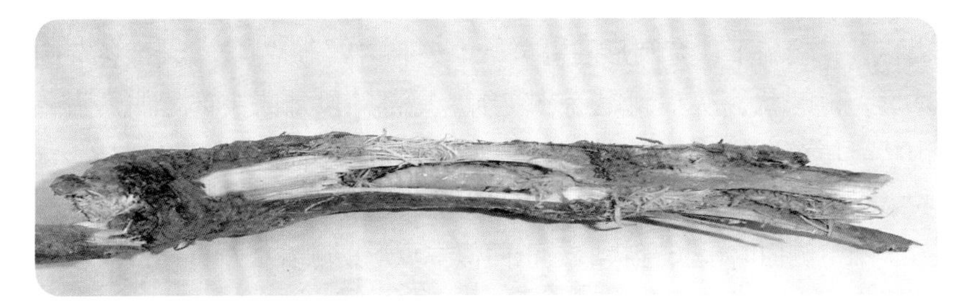

双斑锦天牛幼虫

【防治】

（1）人工防治。成虫羽化活动期，可在树下寻找虫粪，树干是否为害，寻找捕捉成虫：如果发生量大可利用成虫假死性，在树下放置白色薄膜，摇树捕捉成虫。定期除草，清洁绿篱，及时拔除虫害株，减少虫源。

（2）药剂防治。成虫羽化初期至产卵期 5 月 5—25 日为药杀成虫的最好时期，此时成虫主要在树干中上部取食树皮及草丛栖息，造成光杆，可用 40% 乙酰甲胺磷 1 000 倍液喷雾，树干及树下草丛必须喷湿。幼虫为害期宜在 7 月 10 日至 8 月 10 日有木屑排出的树下用 80% 敌敌畏乳油 800 倍液浇灌根蔸，每蔸浇 1 ~ 2kg 药液，防效均在 90% 以上。

12. 六星吉丁虫

【分布为害】六星吉丁（*Chrysobothris succedanea* Saunders），别名柑橘星吉丁，属鞘翅目吉丁虫科。分布于上海、山东、天津、河北、江苏、湖南、宁夏、甘肃、陕西、吉林、辽宁、黑龙江等地区。主要为害桃、杏、李、樱桃、苹果、梨、梅花、樱花、海棠、五角枫等植株。以幼虫蛀食皮层及木质部，严重时，可造成整株枯死。

【形态特征】成虫：体长 10 ~ 12mm，蓝黑色，有光泽。腹面中间亮绿色，两边古铜色。触角 11 节，呈锯齿状。前胸背板前狭后宽，近梯形。两鞘翅上各有 3 个稍下陷的青色小圆斑，常排成整齐的 1 列。卵：扁圆形，长约 0.9mm，初产时乳白色，后为橙黄色。幼虫：老熟幼虫体扁平，黄褐色，长 18 ~ 24mm，共 13 节。前胸背板特大，较扁平，有圆形硬褐斑，中央有“V”形花纹。其余各节圆球形，链珠状，从头到尾逐节变细。尾部一段常向头部弯曲，为鱼钩状。尾节圆锥形，短小，末端无钳状物。蛹：长 10 ~ 13mm，宽 4 ~ 6mm，初为乳白色，后变为酱褐色。多数为裸蛹，少数有白色薄茧。蛹室侧面略呈长肾状形，正面似蚕豆形，顺着枝干方向或与枝干角度成 45°。

【发生规律】六星吉丁虫每年发生 1 代，在 10 月前后以老熟幼虫在木质部内作蛹室越冬。翌年 3 月开始陆续化蛹，发生很不整齐。成虫出洞时间早的在 5 月，6 月为出洞高峰期。白天栖息于枝叶间，可取食叶片成缺刻，有坠地假死的习性。卵产于枝干树皮裂缝或伤口处，每处产卵 1 ~ 3 粒。6 月下旬至 7 月上旬为产卵盛期。幼虫蛀食寄主枝干的韧皮部和形成层，形成弯弯曲曲的虫道，虫粪不外排。为害状况与爆皮虫近似，但蛀食的虫道远比爆皮虫宽大，老熟幼虫的虫道宽度可达 15mm。幼虫老熟后蛀入木质部，作蛹室化蛹，但深度较浅。

六星吉丁虫成虫

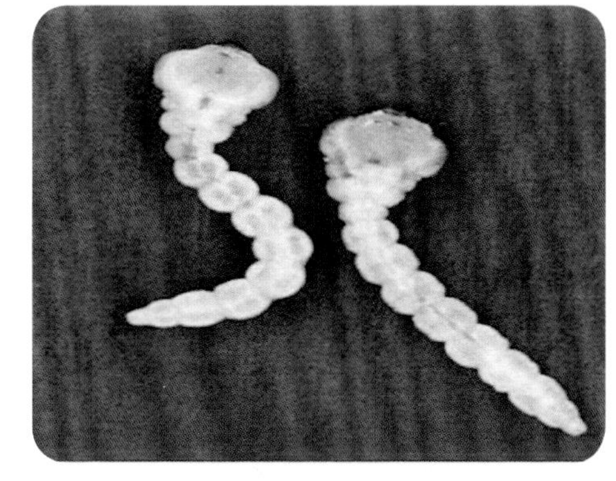

六星吉丁虫幼虫

【防治】

（1）应严格实施检疫，防止扩散蔓延。

（2）已发生区，加强栽培管理，保持健康树势，在成虫出洞前要及时清除并烧毁六星吉丁虫为害所致的死树死枝，以减少虫源。

（3）在成虫开始大量羽化而尚未出洞前，先刮除树干受害部的翘皮，再用 80% 敌敌畏乳油加黏土 10 ~ 20 倍和适量水调成糊状，或直接用水稀释到 30 倍液，也可用 40% 乐果乳油加等量煤油涂在被害处，使成虫在咬穿树皮时中毒死亡；在成虫出洞高峰期树冠喷药，杀死已上树的成虫。药剂有 40% 乐果乳油或 90% 晶体敌百虫或 80% 敌敌畏乳油 1 000 倍液、2.5% 敌杀死乳油 3 000 倍液；在初孵幼虫盛期，先用刀刮去受害部位的胶沫和一层薄皮，再用 80% 敌敌畏乳油 3 倍液或 40% 乐果乳油 5 倍液涂抹，可杀死皮层下的幼虫。

13. 沟眶象

【分布为害】沟眶象［*Eucryptorrhynchus chinensis* (Olivier)］属鞘翅目象甲科。分布于北京、天津、河北、河南、江苏、陕西、辽宁、甘肃、四川等地。为害臭椿、千头椿等。以幼虫蛀食树皮和木质部，严重时造成树势衰弱以致死亡。为害症状是树干或枝上出现灰白色的流胶和排出虫粪木屑。

【形态特征】成虫：体长 13.5 ~ 18mm，胸部背面，前翅基部及端部首 1/3 处密被白色鳞片，并杂有红黄色鳞片，前翅基部外侧特别向外凸出，中部花纹似龟纹，鞘翅上刻点粗。幼虫：乳白色，圆形，体长 30mm。蛹：黄白色，长 17mm 左右。

沟眶象成虫（左雌，右雄）

沟眶象为害臭椿

【发生规律】沟眶象在北京一年发生 1 代，以幼虫和成虫在根部或树干周围 2 ~ 20cm 深的土层中越冬。以幼虫越冬的，翌年 5 月化蛹，7 月为羽化盛期；以成虫在土中越冬的，4 月下旬开始活动。5 月上中旬为第一次成虫盛发期，7 月底至 8 月中旬为第二次盛发期。成虫有假死性，产卵前取食嫩梢、叶片补充营养，为害 1 个月左右，便开始产卵，卵期 8 天左右。初孵化幼虫先咬食皮层，稍长大后即钻入木质部为害，老熟后在坑道内化蛹，蛹期 12 天左右。

【防治】

（1）利用成虫多在树干上活动、不喜飞和有假死性的习性，在 5 月上中旬及 7 月底至 8 月中旬捕杀成虫。也可于此时在树干基部撒 25% 甲萘威可湿性粉剂毒杀。

（2）成虫盛发期，在距树干基部 30cm 处缠绕塑料布，使其上边呈伞形下垂，塑料布上涂黄油，阻止成虫上树取食和产卵为害。也可

于此时向树上喷 1 000 倍液 50% 辛硫磷乳油。

（3）在 5 月底和 8 月下旬幼虫孵化初期，利用幼龄虫咬食皮层的特性，在被害处涂煤油、溴氰菊酯混合液（煤油和 2.5% 溴氰菊酯各 1 份），也可在此时用 1 000 倍液 50% 辛硫磷灌根进行防治。

14. 柏肤小蠹

【分布为害】柏肤小蠹（*Phloeosinus aubei* Perris）属鞘翅目小蠹虫科，别名柏树小蠹、柏木合场肤小蠹。柏肤小蠹主要为害侧柏、桧柏、杉树等，在成虫补充营养期为害枝梢，常将枝梢蛀空，易遭风折；繁殖期中为害干、枝，造成枝和植株死亡。可通过释放管氏肿腿蜂防治该虫。

【形态特征】成虫：体长 2 ~ 3mm，赤褐色或黑褐色，体表无光泽。头部小，藏于前胸下，触角末端的纺锤部呈椭圆形，色暗，触角黄褐色，球棒部呈椭圆形，复眼凹陷较浅。前胸背部有粗点刻，中央有一条隆起线。前翅上有颗粒，靠近翅基部的颗粒比翅端部的大，翅端部斜面弯曲，沟间部各有 1 纵列颗瘤，靠近翅缝的第 1、3 沟间部的颗瘤比其他的大，每个鞘翅上有 9 条纹，雌虫的颗瘤要比雄虫的大，雄虫鞘翅斜面齿状突起。

成虫及为害树木造成的坑道

柏肤小蠹为害状

【发生规律】河南省 1 年发生 1 代，以成虫在柏树枝梢内越冬。翌年 3 月下旬至 4 月中旬陆续出蛰，雌虫取食衰弱的侧柏、桧柏立木和新伐倒木树皮上咬圆形侵入孔，蛀入皮下和木质部表层，雄虫跟踪进入，并共同筑成 5 ～ 8cm 长的不规则交配室交配。雌虫交配后向上蛀纵形母坑道，并沿坑道两侧蛀成卵室，每室产卵 1 粒。雄虫将母坑道的木屑及排泄物推出蛀入孔外。母坑道长 15 ～ 45mm，雌虫一生产卵 26 ～ 104 粒。卵历期 7 天，4 月中旬孵化。由卵室向外沿边材韧皮部蛀细长而弯曲的幼虫坑道。幼虫坑道长 30 ～ 40mm。幼虫发育期为 45 ～ 50 天，5 月中下旬老熟幼虫在坑道末端与幼虫坑道呈垂直方向蛀 1 个深约 4mm 的圆筒形蛹室，并在其中化蛹。蛹室外口用半透明膜状物封住。蛹期 10 天左右。成虫于 6 月上旬出现，成虫羽化初期体色稍淡至淡黄褐色。羽化后沿羽化孔上爬行，待翅变硬即飞向健康的柏树冠上部、边缘的枝梢上，蛀侵入孔并向下蛀食，进行补充营养。柏树枝梢常被蛀空，遇大风即折断，严重时，林地上落许多断梢，使柏树受严重损害，成虫于 10 月中旬后进入越冬状态。

【防治】

（1）加强对侧柏、桧柏的栽培管理，减少柏肤小蠹的入侵。

（2）人工设置饵木，选择直径在 2cm 以上的木段进行诱集，及时将诱集木段置入较细的密闭纱网内处理。

（3）喷药防治。6 月下旬成虫为害时，喷 2.5% 溴氰菊酯或 20% 氰戊菊酯 1 500 ～ 6 000 倍液。

（4）保护和释放天敌昆虫管氏肿腿蜂。

### 15. 薄翅天牛

【分布为害】薄翅天牛［*Megopis sinica*（White）］属鞘翅目天牛科，又名中华薄翅天牛、薄翅锯天牛、大棕天牛。为害苹果、山楂、枣、柿、栗、核桃、杨、柳、白蜡、梧桐、雪松、法桐等植物。幼虫于枝干皮层和木质部内蛀食，蛀道走向不规律，内充满粪屑，削弱树势，重者枯死。

【形态特征】成虫：雌雄异体，主要区别于有无产卵器。雌成虫：体长 3.8cm，翅展 5.5cm，末腹节有管状产卵器，长 0.6 ～ 1.2cm，有伸缩活动习性；雄成虫：体长 3.4cm，翅展 6.2cm，末腹节无管状物。成虫体段特征：头黑褐色，咀嚼式口器，复眼肾形黑色，复眼之间有黄色绒毛，触角一对，长 3.8cm，10 节，红茶色。胸黑褐色、前胸与中、后胸分离，中后胸联合并密被绒毛；中胸短而狭，背板有三角形小盾片，后胸大而宽，腹面有光泽。前翅 2 对，鞘翅红茶色，后翅为一对薄膜翅，翅脉红茶色，脉间膜质白色透明。腹部 6 节，红褐色有光泽。足 6 个，红茶色。卵：椭圆形，长 3.2mm，宽 1.0mm，初产呈乳白色，约 10 分钟后变黄，呈污白色。幼虫：老熟幼虫长 4.0cm，胸宽 1.15cm，黄白色，每腔节侧面各有一对气孔，无足。蛹：裸蛹，乳黄色，雄蛹长 3.4cm，后胸宽 0.85cm；雌蛹长 5.2cm，后胸宽 1.25cm，活动以弯曲滚动进行。

薄翅锯天牛成虫（上雌，下雄）

【发生规律】2 ~ 3 年 1 代，以幼虫于蛀道内越冬。寄主萌动时开始为害，落叶时休眠越冬。6—8 月成虫出现。成虫喜于衰弱、枯老树上产卵，卵多产于树皮外伤和被病虫侵害之处，亦有在枯朽的枝干上产卵者，均散产于缝隙内。幼虫孵化后蛀入皮层，斜向蛀入木质部后再向上或下蛀食，蛀道较宽不规则，蛀道内充满粪便与木屑。幼虫老熟时多蛀到接近树皮处，蛀成椭圆形蛹室于内化蛹。羽化后成虫向外咬圆形羽化孔爬出。

【防治】

（1）加强综合管理增强树势，减少树体伤口以减少成虫产卵。及时去掉衰弱、枯死枝集中处理。注意伤口涂药消毒保护以利愈合。产卵盛期后刮粗翘皮，可消灭部分卵和初龄幼虫。刮皮后应涂消毒保护剂。

（2）成虫发生期及时捕杀成虫：消灭在产卵之前。成虫产卵盛期后挖卵和初龄幼虫。

（3）长效内吸注干剂，可用 YBZ-Ⅱ型树干注射机，注入长效内吸注干剂，也可用直径 4 ~ 5mm 钢钉在距地面 50 ~ 80cm 处斜向45° ，孔深 3 ~ 4cm，然后再用橡皮头滴管或注射器注入注干剂，用药量计算暂借用林木计算法，即先量树干胸径，然后换算或查出直径，每厘米直径注入药量 0.5ml，直径 10cm 以上果树，应通过试验适当加大药量。这种方法除防治天牛有效外，还可兼治其他蛀干害虫和介壳虫、蚜虫等。

（4）生物防治。利用天敌管氏肿腿蜂、花绒寄甲，放蜂时间 8 月中旬，产卵高峰期，气温 20℃以上，17：00 或阴天喷施 32 000IU/mg 苏云金杆菌可湿性粉剂 1 000 ~ 1 500 倍液。在成虫产卵前向树干喷洒 8% 氯氰菊酯微胶囊剂 400 倍液杀灭成虫。

16. 松墨天牛

【分布为害】松墨天牛（*Monochamus alternatus* Hope）属鞘翅目天牛科沟胫天牛亚科，又名松褐天牛。为害松属植物，另外还包含了少量的其他植物。我国的主要的寄主有：马尾松、黑松、赤松，另外雪松、华山松、云南松、华南五针松等也是松墨天牛的寄主。松墨天牛是我国松树的重要蛀干害虫，也是松树的毁灭性病害松材线虫病的主要媒介昆虫。在松材线虫的扩散和侵染的过程中，松墨天牛起着携带、传播和协助病原侵入寄主的关键性作用。主要分布于河北、河南、山东、江苏、浙江、江西、福建、湖南、四川、云南、贵州、广东、广西、西藏等 24 个省、市、自治区。

【形态特征】成虫：体长 15 ~ 28mm，橙黄色至赤褐色。触角栗色，雄虫触角比雌虫的长。前胸背板 2 条较宽的橙黄色纵纹与 3 条黑色绒纹相间。小盾片密被橙黄色绒毛。每个鞘翅上有 5 条纵纹，由方形或长方形黑色及灰白色绒毛斑点相间组成。卵：长约 4mm，乳白色，略呈镰刀形。

幼虫：乳白色，老熟时长约 43mm。头黑褐色，前胸背板褐色，中央有波状横纹。蛹：乳白色，圆筒形，长 20 ~ 26mm。

【发生规律】年发生代数因地而异，河南省 1 年 1 代，广东省 1 年 2 代，均以老熟幼虫在木质部蛀道中越冬。翌年 3 月下旬，越冬幼虫开始在虫道末端蛹室中化蛹。蛹历期 12 ~ 20 天。4 月中旬成虫开始羽化，成虫羽化后，经 6 ~ 8 天才从木质部内咬一圆形、直径 8 ~ 10mm 的羽化孔外出，时间多在傍晚和夜间。雌成虫寿命 35 ~ 66 天，雄成虫寿命 42 ~ 98 天。雌雄性比约 1∶1。5 月为成虫活动盛期。幼虫历期 280 ~ 320 天。成虫羽化后活动分 3 个时期，即移动分散期、补充营养期和产卵期。开始补充营养时，主要在树干和 1 ~ 2 年生的嫩枝上，以后则逐渐移向多年生枝取食。成虫喜欢 2 年生枝，补充营养后期成虫几乎不再移动，一般在虫道外活动 10 天左右开始产卵。产卵前在树干上咬刻槽，然后将产卵管从刻槽伸入树皮下产卵，交尾和产卵都在夜晚进行。每头雌虫一生产卵 100 ~ 200 粒。衰弱木和新伐木能引诱成虫产卵。

松墨天牛雌成虫

松墨天牛雄成虫

【防治】

（1）严格加强检疫，禁止未经任何处理的带虫木、木质包装物外运，一经发现，就地销毁。

（2）10 月至翌年 4 月，虫态为蛹、成虫期。

①将已被侵害的原木和松树集中，用塑料薄膜盖住，四周均匀放置熏蒸剂后迅速将薄膜边缘用土压住封闭，一般熏蒸 2 ~ 3 天即可。

②用热蒸汽、炕房热烘处理或恒温 50℃条件热处理 24 小时。熏蒸处理必须在成虫扬飞前。药剂用硫酰氟。

③将采伐期调整到秋末，将销售期调到冬、春季，以便在天牛为害之前将采伐下的松树全部销售完，避免人为虫源地的发生。

④12月清理虫害木、衰弱木、被压木和林下灌木、杂草等可降低林间松褐天牛虫口密度。

⑤利用天然地理条件开辟4km宽隔离带，可有效阻止松褐天牛扩散。

⑥虫害木伐倒后林外存放12个月，新伐虫害木剖成厚度2cm以下的木板，可杀死绝大多数松褐天牛。

松墨天牛幼虫及为害状

（3）5—8月，虫态为扬飞成虫期。

①设置饵木诱杀。诱饵木间隔100m以上，每点砍伐活松树1株，分成3段，堆成三角形架，枝丫堆放在三角架下，间隔一定时间在三角架上添加一段新伐树段。

②林中设置诱捕器，可监测其发生及种群变动情况。撞板漏斗型或撞板水盆型诱捕器效果最佳，引诱剂按33网格状布局。用450W高压汞灯诱杀松褐天牛，效果较好。

③喷洒50%杀螟硫磷或25%灭幼脲胶悬剂1 000 ~ 1 500倍液，4月中旬和5月中旬用50%杀螟硫磷或噻嗪酮100倍液，5月中旬和6月中旬喷洒2次50%杀螟硫磷乳剂400 ~ 500倍液，6月中下旬，超低容量喷雾8%氯氰菊酯微胶囊剂900ml/hm$^2$，在松褐天牛补充营养期，12%倍硫磷乳油150倍液+4%聚乙烯醇100倍液+2.5%溴氰菊酯乳油2 000倍液喷雾防治。

（4）5-9月，虫态为卵、幼虫和蛹期。

① 7月用点株法释放管氏肿腿蜂，密度以0.5万头/hm$^2$。

②秋季，用纱布袋撒白僵菌粉或侵入孔注射菌液。

③室内繁育花绒寄甲林间释放。

④注意保护管氏肿腿蜂、白僵菌和招引啄木鸟等天敌。

17. 刺角天牛

【分布为害】刺角天牛（*Trirachys orientalis* Hope）属鞘翅目天牛科。分布于东北、北京、天津、上海、河北、河南、山东、陕西、山西、甘肃、江苏、浙江、湖北、江西、安徽、贵州、云南、四川、广西、广东、福建等地区。主要为害杨、柳、榆、槐、刺槐、臭椿、泡桐、栎、银杏、合欢、柑橘、梨树的中老龄树木。

【形态特征】成虫：体长 35 ~ 50mm，灰黑色至棕黑色，体上被棕黄色及银灰色闪光绒毛。雄虫触角约为体长 2 倍，雌虫略超过体长。雄虫触角第 3 ~ 7 节、雌虫第 3 ~ 10 节生有内端刺；雌虫第 6 ~ 10 节生有外端刺。鞘翅末端平切，具有明显的内外角端刺。卵乳白色，长椭圆形，长 3.4mm。幼虫：老熟幼虫体长约 30mm，淡黄色，前胸背板近前缘有 4 个褐色斑纹，两个分布于背面中央及每侧各 1 个。蛹：体长 30mm，淡黄色。

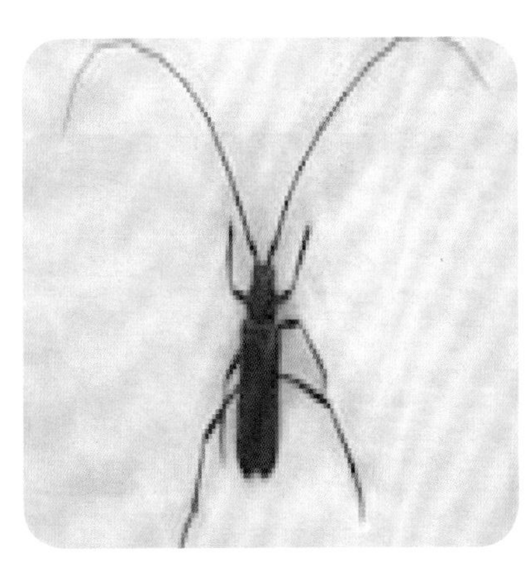

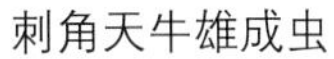
刺角天牛雄成虫

刺角天牛雌成虫

【发生规律】2 年发生 1 代，少数 3 年 1 代，以幼虫和成虫越冬。5—6 月中旬成虫出孔，5 月下旬至 6 月上旬为盛期。成虫出孔后爬到树冠取食嫩枝皮和叶子进行补充营养，成虫飞翔力不强，受触击便落到地面，只有少数会飞到其他树上。夜晚活动，在树干上进行交尾和产卵，白天隐藏在树洞、羽化孔及树皮的大裂缝处。每头雌虫可产卵 42 ~ 259 粒，寿命 25 ~ 55 天。卵产在老幼虫排泄孔裂缝、树皮裂缝、伤口及羽化孔周围的树皮下。幼虫孵化后蛀入韧皮与木质部之间取食，在树皮裂缝处排出黏成条状的粪屑悬吊在树皮上，大龄幼虫排出大量丝状粪屑散落在地面。7月，幼虫老熟后在虫道的隐蔽室内，用细木屑堵塞端部做成蛹室化蛹。8—10月，成虫羽化后不出孔留在蛹室内越冬。

【防治】

（1）捕捉成虫。7月成虫羽化盛期，雷雨或天气热的夜晚较活跃，在伤口的腐朽的老树为多。

（2）处理虫源。及时砍伐枯死或风折断的树枝，减少产卵场所；填补树洞及腐朽树木，减少其为害。

（3）成虫高峰期，树干及侧枝喷洒8%氯氰菊酯微胶囊剂300倍液，高效氯氟氰菊酯或2.5%高效氯氰菊酯2 000倍液杀死在树干及侧枝爬行的成虫。

18. 竹绿虎天牛

【分布为害】竹绿虎天牛［*Chlorophorus annularis*（Fabricius）］，分布于福建、广东、广西、江西、湖南、台湾等地区，为害竹材。钻蛀已采伐的竹竿及充分干燥的竹材，竹材内部被蛀成蛀道，易折断。

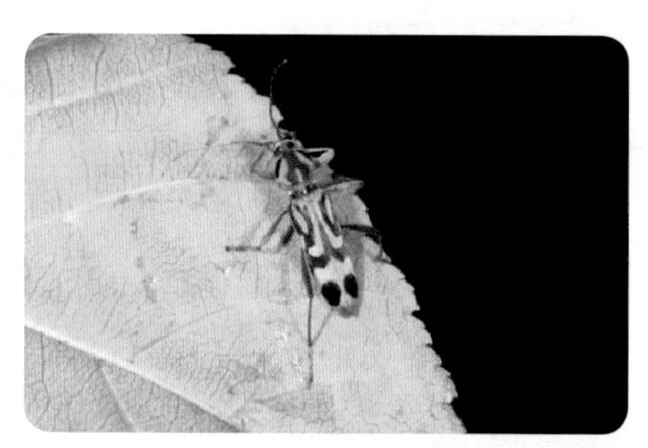

竹绿虎天牛成虫

【形态特征】成虫：黄绿色，体长13 ~ 15mm，前胸背面有1个倒叉状纹，两侧各有1个图纹，鞘翅前半部两侧各有1个长椭圆形纹及横带。卵：为长卵形，黄绿色。幼虫：白色，无足。

【发生规律】1年3代，以幼虫在竹材内越冬，翌年5月化蛹，成虫7—8月出现。

【防治】

（1）加强栽培管理。科学肥水，及时中耕松土，合理砍伐，砍下竹材全部运出竹林，保持竹林适当密度，提高植株抗性。

（2）受害竹处理。竹林受害竹用50%杀螟硫磷乳油1 000倍液或 20% 氰戊菊酯 3 000 倍液，或用棉花蘸敌敌畏乳油 200 倍液堵塞虫孔。严重者及时砍伐，及时运出林外，将被害竹材浸入水中十多天，淹死其幼虫。

（3）成虫产卵期喷 500 倍液的 90% 敌百虫或 1 000 倍液的 50% 敌敌畏乳油。

19. 四黄斑吉丁虫

【分布为害】四黄斑吉丁虫（*Ptosima chinensis* Marseul），分布于河南、山东、安徽、江苏、福建、湖南、北京、山西、湖北、四川、贵州、江西等地。为害桃、红叶李、樱桃等，成虫嚼食叶片，幼虫蛀茎，影响树势。

四黄斑吉丁虫成虫

【形态特征】成虫：体长 11.5mm，宽 3.5mm。长筒形，虫体深黑色发亮，头与身体垂直，布满细密的刻点及灰白色长绒毛，两复眼大而突，椭圆形，黄褐色。前胸背板中前部隆起，后端稍低，前缘弯曲，中央大部前突，两侧缘斜形，后缘平直，背面布满较密的刻点并具前伸的长绒毛。小盾片细小，近方形。鞘翅两侧中前部近于平行，后 2/3 处略膨大，随后渐向顶端收窄，翅顶圆弧状，具不规则的细缘齿，鞘翅表面具排列成纵行的规则刻点，每翅末端具 2 条横形黄色斑。鞘翅背面除具刻点行及黄斑外，另具长而稀的灰色绒毛，靠近外缘的绒毛较长。腹面黝黑发亮，布满细密的刻点及半卧状灰绒毛，中央部位的绒毛较边缘短。

【发生规律】1 年 1 代，以老熟幼虫越冬，翌年 5 月中下旬，成虫陆续羽化外出，经 10 ~ 20 天，觅食花蜜、嫩叶等作为补充营养，而后开始产卵，繁殖后代。选择树干有细小的裂缝处产卵，初孵幼虫在皮下浅处蛀食，在树皮上出现有芝麻大小胶质溢出，随后有流胶现象，这是幼虫孵出后侵入树皮浅处的为害状。幼虫渐长逐渐蛀入形成层，上下蛀食，形成不规则虫道，并将粪便排泄充填其中，在树皮和木质部边材约 45mm 深处，作新月形蛹室化蛹。

【防治】参考吉丁虫防治。

20. 杨干象

【分布为害】杨干象［*Cryptorhynchus lapathi*（Linnaeus）］属鞘翅目象虫科，又名杨干隐喙象。分布于中国、日本、朝鲜、苏联、匈牙利、捷克、斯洛伐克、德国、英国、意大利、波兰、法国、前南斯拉夫、西班牙、荷兰、加拿大、美国。国内分布于河北、内蒙古、辽宁、吉林、黑龙江、陕西、甘肃、新疆等，寄主多为杨柳科树种，以杨树为主，主要有甜杨、小黑杨、北京杨、矮桦等。幼虫先在韧皮部和木质部之间蛀食，后蛀成圆形坑道，蛀孔处的树皮常裂开呈刀砍状，部分掉落而形成伤疤。成虫产卵时可在枝痕、休眠芽、皮孔、棱角、裂缝、伤痕或其他木栓组织留下针刺状小黑孔。

杨干象

【形态特征】成虫：椭圆形，黑褐色或棕褐色，无光泽。体长 7.0 ~ 9.5mm。全体密被灰褐色鳞片，其间散布白色鳞片形成若干不规则的横带。前胸背板两侧，鞘翅后端 1/3 处及腿节上的白色鳞片较密，并混杂直立的黑色鳞片簇。鳞片簇在喙基部着生 1 对，在胸前背板前方着生 2 个，后方着生 3 个，在鞘翅上分列于第 2 及第 4 条刻点沟的列间部着生 6 个。喙弯曲，中央具 1 条纵隆线。前胸背板两侧近圆形，前端极窄，中央具 1 条细纵隆线。复眼圆形，黑色。触角 9 节呈膝状，棕褐色。鞘翅于后端的 1/3 处，向后倾斜，并逐渐缢缩，形成 1 个三角形斜面。臀板末端雄虫为圆形；雌虫为尖形。

雄虫：外生殖器阳具端的侧缘几乎平行，先端不扩大，略似弹头形，但不隆起，先端边缘中央有一“V”形缝。其全体淡色鳞片带有显著粉红色，特别在鞘翅后端 1/3 斜面处更为明显。

卵：椭圆形，长 1.3mm，宽 0.8mm。

杨干象蛀干状

杨干象成虫

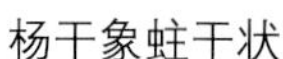

幼虫：老熟幼虫体长 9.0 ~ 13.0mm，胴部弯曲呈马蹄形，乳白色，全体疏生黄色短毛。头部黄褐色，上颚黑褐色，下颚及下唇须黄褐色。头顶有一倒“Y”形蜕裂线。无侧单眼。头部前端两侧各有 1 根小的触角。额唇基沟完整，唇基沟为弧形。唇基梯形，表面光滑，上唇横椭圆形，前缘中央具 2 对刚毛；侧缘各具 3 个粗刚毛，背面有 3 对刺毛；内唇前缘有 2 对小齿，两侧有 3 个小齿，中央有“V”形硬化褐色纹。其前方有 3 对小齿，最前方的 1 对较小，上颚内缘有 1 钝齿。下颚叶片细长，先端内侧有粗刺并列。下颚须及下唇须均为 2 节。前胸具 1 对黄色硬皮板。中、后胸各由 2 小节组成。腹部 1 ~ 7 节由 3 小节组成，胸部侧板及腹部隆起。胸足退化，在足痕处有数根黄毛。气门黄褐色。

蛹：白色，长 8.0 ~ 9.0mm。腹部背面散生许多小刺，在前胸背板上有数个突出的刺。腹部末端具 1 对向内弯曲的褐色几丁质小钩。

【发生规律】杨干象 1 年发生 1 代，以卵或 1 龄幼虫在寄主枝干上越冬。翌年 4 月中旬越冬幼虫开始活动，卵也相继孵化。幼虫先在韧皮部和木质部之间蛀食为害，后蛀成圆形坑道，蛀孔处的树皮常裂开如刀砍状，部分掉落而形成伤疤。5 月中下旬在坑道末端向上钻入木质部，做成蛹室，6 月中旬开始羽化。羽化后经 6 ~ 10 天爬出羽化孔，羽化盛期在 7 月中旬，7 月末羽化终了。成虫到嫩枝条或叶片上补充营养，形成针刺状小孔，7 月下旬开始交尾产卵，卵多产在树干 2m 以下的叶痕、枝痕、树皮裂缝、棱角、皮孔处，每雌一次产卵 1 粒，平均卵量 44 粒，产卵期平均 36.5 天，当年孵化的幼虫，将卵室咬破，不取食，在原处越冬，部分后期产下的卵，不孵化，在卵室内越冬。

杨干象幼虫

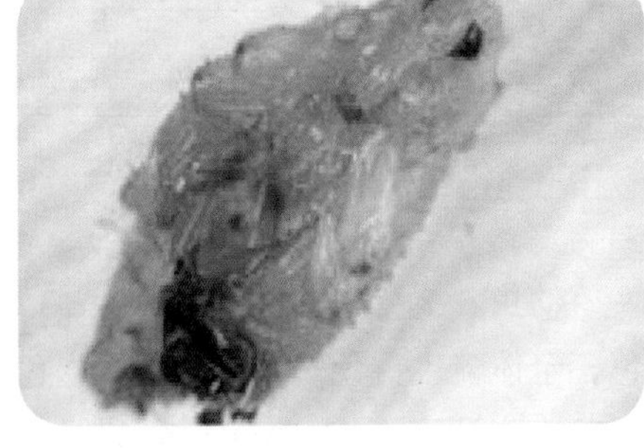

杨干象蛹

【防治】

（1）加强对苗圃 3 年生大苗严格检疫，对幼林地及时进行跟踪检疫，对林地周围杨树要全面监测，及时发现，及时预防，及时消灭虫源地。

（2）初期为害状不明显，在 4 月中下旬树液开始流动时，采用 40% 氧化乐果或 50% 久效磷 1 份加 3 份水药液，用毛刷在幼树树干 2m 高处，涂 10cm 宽药环 1 ~ 2 圈。此法适用于 3 ~ 5 年生幼树。

（3）在小幼虫为害易识别期，被害处有红褐色丝状排泄物，并有树液渗出时，用 40% 氧化乐果 1 份加少量 80% 敌敌畏对 20 份水药液点涂侵入孔。也可用 40% 氧化乐果、50% 久效硫磷或 60% 敌马合剂 30 倍液用毛刷或毛笔点涂幼虫排粪孔和蛀食坑道，涂药量以排出气泡为宜。也可事先扩大侵入孔，用磷化铝颗粒剂塞入，然后用黏土泥封孔。

（4）6月下旬至7月下旬成虫出现期，喷洒4.5%高氯菊酯触破式微胶囊剂1 000倍液、50%吡虫啉1 000倍液、2.5%溴氰菊酯1 000倍液、40%杀螟硫磷或40%氧化乐果800倍液，每隔7 ~ 10天喷洒一次。

（5）于清晨傍晚时振动树枝，将振落假死成虫扑杀。

（6）靠近河流、湖泊水源条件较好林分，可挂旧木段招引啄木鸟。

21. 松梢螟

【分布为害】松梢螟（*Dioryctria rubella* Hampson）属鳞翅目螟蛾科，又名微红梢斑螟，分布较广，以为害苗圃为主，为害马尾松、黑松、油松、赤松、黄山松、华山松等树木松梢，造成枯梢，尤以幼龄苗木顶梢受害最重，影响苗木的生长，降低木材利用价值和绿化观赏效果。是松梢重要害虫之一。幼虫蛀食主梢，使树木侧梢丛生，不能成材。有时侧梢代替主梢生长，树形弯曲，木材利用价值降低。

【形态特征】成虫：体长10 ~ 16mm，翅展约24mm；前翅灰褐色，翅面上有白色横纹4条，中室端有明显大白斑一个，后缘近横线内有黄斑。卵：近圆形，长约0.8mm，黄白色，近孵化时暗赤色。幼虫：老熟时体长约25mm，暗赤色，各体节上有成对明显的黑褐色毛瘤，其上各白毛1根。蛹：长约13mm，黄褐色，腹末有波状钝齿，其上生有钩状臀棘3对。

【发生规律】该虫1年发生2代，以幼虫在枯梢内越冬，翌年3月下旬至4月初越冬幼虫开始在被害梢内继续向下蛀食，一部分转移为害新梢，5月上旬幼虫陆续老熟，在被害梢内做蛹化蛹，5月下旬成虫出现，成虫夜间活动，飞翔迅速，有趋光性，卵产在嫩梢针叶或叶鞘基部，或被害球果及树皮伤口上。卵期约一周，6月第1代幼虫为害主梢，初龄幼虫爬行迅速，寻找新梢为害。先啃食梢头嫩皮，在皮下蛀成小的虫道，受害处流出白色松脂，3龄幼虫蛀入嫩梢木质部为害，使主梢枯死，幼虫由枯梢继续向下蛀食，7月下旬幼虫化蛹，8月上旬成虫羽化。交尾并产卵，第2代幼虫8月下旬在梢内为害，

11月幼虫在梢内越冬。

1. 为害状；2. 成虫；3. 幼虫；4. 蛹
松梢螟

松梢螟幼虫为害梢部

【防治】

（1）加强幼林抚育，促使幼林提早郁闭，可减轻为害。修枝时留茬要短，切口要平，减少枝干伤口，防止成虫在伤口产卵。

（2）利用冬闲时间，剪除被害干梢、虫果，集中处理，可有效压低虫口密度。

（3）在母树林、苗圃可用50%杀螟硫磷乳油1 000倍液喷雾防治幼虫。松梢螟发生严重时，5—8月，用80%敌敌畏800倍液、50%辛硫磷2 000倍液等进行喷雾。

（4）灯光诱杀成虫。

22. 石榴绢网蛾

【分布为害】石榴绢网蛾（*Herdonia osacesalis* Walker）属鳞翅目网蛾科，俗称花窗蛾、钻心虫。分布于华中、华东一带，是石榴树主要害虫之一。该虫主要蛀食枝梢、削弱树势造成枝梢枯死，降低结果率。

【形态特征】成虫：体长11 ~ 16mm，翅展30 ~ 42mm，呈乳白色，微黄，前、后翅大部分透明，有丝光；前翅顶角略弯成镰刀形，顶角下

石榴绢网蛾成虫

微呈粉白色，前翅前缘有 10 ～ 16 条短纹；后翅外缘略褐，具 3 条褐色横带。卵：长约 1mm，瓶状，初产时呈白色，后变为枯黄色，孵化前呈橘红色。幼虫：体长 32 ～ 35mm，圆筒形，老熟幼虫体呈淡青黄色至土黄色，头部呈褐色，前胸背板呈淡褐色。蛹：体长 15 ～ 20mm，长圆形，棕褐色，头与尾部呈紫褐色。

【发生规律】该虫在河南、山东 1 年发生 1 代，以幼虫在被害枝的蛀道内越冬，翌年 3 月底越冬幼虫继续为害。5 月上旬老熟幼虫在蛀道内化蛹，5 月中旬为化蛹盛期。6 月上旬开始羽化，6 月中旬为羽化盛期。田间 7 月初出现症状，幼虫向下蛀达木质部，每隔一段距离向外开一排粪孔，随虫体增长，排粪孔间距加大，至秋季蛀入 2 年生以上的枝内，多在 2 ～ 3 年生枝交接处虫道下方越冬。

【防治】

（1）及时清除病残体。经常检查枝条，发现被害新梢，及时从最后一个排粪孔的下端将枝条剪除，消灭其中的幼虫。6 月底至 7 月上旬开始要经常检查枝条，7 月间反复剪除萎蔫的枝梢，发现枯萎的新梢应及时剪除，剪掉的虫枝及时烧掉，以消灭蛀入新梢的幼虫。并结合冬季修剪（落叶后，发芽前）剪除虫蛀枝梢或春季发芽后，剪除枯死枝烧毁，消灭越冬幼虫。

（2）封堵虫孔。幼虫发生期用 40% 乙酰甲胺磷乳油注射虫孔，先仔细查找最末一个排粪孔，注药后用泥封好，10 天后进行检查，防治效果较好。

（3）药剂防治。6 月上旬卵盛期树上喷药消灭成虫：卵及初孵幼虫，每隔 7 天左右喷 1 次，连续 3 ～ 4 次，药剂可用 20% 氰戊菊酯 2 000 ～ 3 000 倍液；2.5% 溴氰菊酯 3 000 倍液；80% 敌百虫可湿性粉剂 1 000 倍液；50% 辛硫磷 1 000 倍液；在孵化盛期，用 Bt 乳剂

500倍液树上喷雾，效果良好。幼虫蛀入枝条后，查找幼虫排粪孔，对最下面的孔用注射器注入80%敌敌畏乳油500～800倍液、20%氰戊菊酯1 000～1 500倍液、2.5%溴氰菊酯1 000～1 500倍液、苯氧威、毒死蜱等，或用棉球蘸敌敌畏原液塞入蛀孔内，外封黄泥，熏杀幼虫。

23. 小线角木蠹蛾

【分布为害】小线角木蠹蛾（*Holcocerus insularis* Staudinger）属鳞翅目木蠹蛾科。分布于中国东北、华北、华东、华中、东南沿海各地、陕西、宁夏；还分布于苏联。为害白蜡、构树、丁香、白榆、槐树、银杏、柳树、麻栎、苹果、白玉兰、悬铃木、元宝枫、海棠、槠、冬青卫矛、柽柳、山楂、香椿等多种树木。幼虫蛀食花木枝干木质部，幼虫沿髓部向上蛀食，枝上有数个排粪孔，有大量的长椭圆形粪便排出，受害枝上部变黄枯萎，遇风易折断。

【形态特征】成虫：灰褐色，体长14～28 mm，翅展31～55 mm。触角线状。胸背部暗红褐色，腹部较长。前翅密布细碎条纹，亚外缘线黑色波纹状，在近前缘处呈"Y"字形。缘毛灰色，有明显的暗格纹。后翅色较深，有不明显的细褐纹。卵：圆形，初乳白色，后暗褐色，卵壳密布纵横碎纹。幼虫：老龄幼虫体长30～38mm。头褐色，前胸背板深褐色斑纹中间有"O"形白斑。体背浅红色，每体节后半部色淡，腹面黄白色。蛹：纺锤形，暗褐色，雌体长16～34mm，雄体长14～28mm。

小线角木蠹蛾成虫

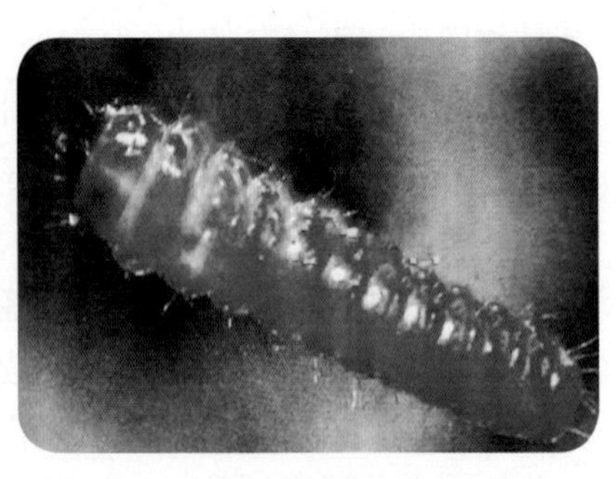

小线角木蠹蛾幼虫

【发生规律】在济南多数2年1代，少数1年1代，均以幼虫越冬。越冬幼虫5月下旬至6月下旬为化蛹盛期，蛹期17 ~ 26天。成虫羽化、交尾、产卵盛期为6月下旬至7月中旬。卵期9 ~ 21天，7月上中旬为幼虫孵化盛期。初孵幼虫群集取食卵壳后蛀入皮层、韧皮部为害，3龄以后分散钻入木质部，于10月开始在隧道内越冬；幼虫在隧道顶端用粪屑作椭圆形小室越冬；老熟后在隧道孔口靠近皮层处粘木丝、粪屑作椭圆形蛹室化蛹。出蛰、化蛹、羽化、产卵早者，当年以大龄幼虫越冬，翌年即羽化。成虫以18：00—21：00时羽化最多，常有多个成虫自1个排粪孔羽化而出，羽化后蛹壳仍留在排粪孔口。成虫羽化后，白天藏于树洞、根际草丛及枝梢等处，夜间活动，有趋光性；当晚即可交尾、产卵。卵多成块产于树皮裂缝、伤痕、洞孔边缘及旧排粪孔附近等处，每雌产卵43 ~ 46粒。初孵幼虫取食卵壳，蛀入皮层和韧皮部为害，3龄以后做椭圆形侵入孔，钻入木质部蛀髓心，形成不规则隧道，其中常有数头或数十头幼虫聚集为害；同时在侵入孔每隔7 ~ 8 cm向外咬一排粪孔，粪屑呈棉絮状悬于排粪孔外。严重受害的树干、树枝几乎全部被粪屑包裹。

【防治】

（1）在羽化高峰期可人工捕捉成虫：或于木蠹蛾在土内化蛹期进行捕杀。灯光诱杀成虫：木蠹蛾成虫均有不同程度的趋光性。灯诱最佳时间因虫种而异。灯诱不仅能诱到木蠹蛾雄虫，且能诱到相当数量的怀卵雌虫。灯诱对各种木蠹蛾虽均有效，但在防治运用时必须连年进行，方能对虫口数量的减少起明显作用。灯诱如和其他防治措施配合，效果更佳。

（2）生物防治。

①用（1 ~ 8）$\times 10^8$孢子/g白僵菌液喷杀小初孵幼虫，或将白僵菌粘膏涂在排粪孔口，或用喷注器在蛀孔注入含孢量为$5\times 10^8$孢子/ml白僵菌液。

②采用水悬液法和泡沫塑料塞孔法，用1 000条/ml斯氏属线虫防治幼虫，也可应用芫菁夜蛾线虫防治木蠹蛾类害虫。

③性信息素诱杀成虫。如用人工合成性诱剂，在成虫羽化期采用纸板粘胶式诱捕器，以滤纸芯或橡皮塞芯作诱芯，每芯用量 0.5mg；每晚 18：30—21：30 时，按间距 30 ~ 150m 将诱捕器悬挂于林带内即可。

（3）化学药剂防治。

①喷雾防治初孵幼虫。可用 50% 倍硫磷乳油 1 000 ~ 1 500 倍液、40% 乐果乳油 1 500 倍液、2.5% 溴氰菊酯、20% 氰戊菊酯 3 000 ~ 5 000 倍液喷雾毒杀。

②药剂注射虫孔毒杀树干内幼虫。对已蛀入树干内的中、老龄幼虫，可用 80% 敌敌畏 100 ~ 500 倍液、50% 马拉硫磷乳油、20% 氰戊菊酯乳油 100 ~ 300 倍液或 40% 乐果乳油 40 ~ 60 倍液注入虫孔。

③树干基部钻孔灌药。开春树液流动时，在树干基部钻孔灌入 35% 甲基硫环磷内吸剂原液。方法是先在树干基部距地面约 30cm 处交错打直径 10 ~ 16mm 的斜孔 1 ~ 3 个，按每 1cm 胸径用药 1 ~ 1.5ml，将药液注入孔内，用薄农膜或湿泥封口。

24. 蔷薇旋茎蜂

【分布为害】蔷薇旋茎蜂（*Syrista similes* Mocsary）属膜翅目茎蜂科，别名月季茎蜂、玫瑰茎蜂。分布北京、河北、江苏、浙江、上海、福建、四川等地。寄主玫瑰、月季、蔷薇、十姊妹等。主要为害月季、玫瑰的茎干，造成枝条枯萎，影响其生长和开花。严重的常从蛀孔处倒折，损失较大。

【形态特征】成虫：体长 20mm 左右，翅展约 25mm，体黑色，有光泽。触角丝状，黑色，基部黄绿色。2 只复眼间具黄绿色小点 2 个。翅茶色，半透明，常有紫色闪光。3 ~ 5 腹节、第 6 腹节基部 1/2 赤褐色，第 1 腹节的背板外露一部分。1 ~ 2 腹节背板两侧黄色。腹末尾刺长 1mm 左右，两旁各具个 1 短刺。卵：直径 1.2mm，黄白色。幼虫：末龄幼虫体长约 20mm，宽 2mm，乳白色，头部浅黄色，尾端具褐色尾刺 1 根。足不发达。蛹：纺锤形，棕红色。

【发生规律】北京一年发生 1 代，以幼虫在受害枝条里越冬，翌年 4 月，幼虫即为害，4 月底幼虫老熟后化蛹在枝条内。5 月上中旬柳絮盛飞时，成虫开始羽化、交尾，喜把卵产在当年生枝条嫩梢处，一般每个嫩梢上产 1 粒卵，5 月中下旬，进入玫瑰、月季盛花期，初孵化幼虫开始从嫩梢钻进枝条的髓部，往下把髓部蛀空，然后利用红褐色虫粪及木屑把虫道堵住，造成受害枝条萎蔫、干枯，以后尖端变黑下弯。进入秋季有的钻至枝条地下部分或钻进上年生较粗的枝条里作薄茧越冬。

蔷薇茎蜂成虫

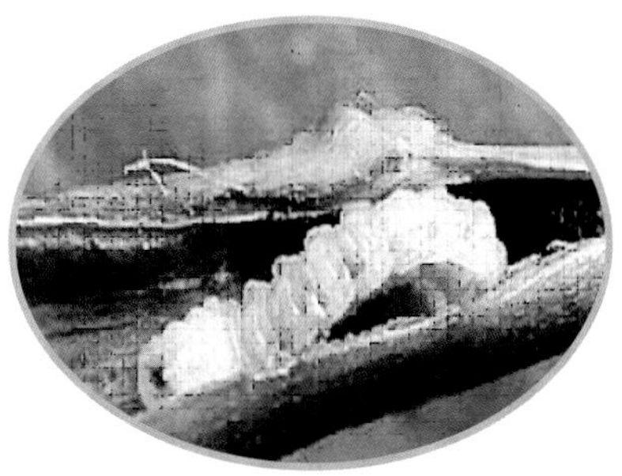

蔷薇茎蜂幼虫

【防治】

（1）5—6 月发现萎蔫的嫩梢、枝条要及时剪掉，消灭枝内幼虫。

（2）注意保护利用该虫的天敌。天敌有幼虫及蛹的寄生蜂，寄生率高达 50% 左右。

蔷薇茎蜂为害月季症状

（3）越冬代成虫羽化初期及卵孵化盛期及时喷洒 40% 氧化乐果乳油 1 000 倍液或 20% 菊杀乳油 1 000 ～ 1 500 倍液。

25. 柳瘿蚊

【分布为害】柳瘿蚊（*Phabdophaga salicis* Schrank）属双翅目瘿蚊科。国内分布广泛。主要为害柳树，如柳、河柳、垂柳、银柳、沙柳、馒头柳。以幼虫从寄主植物嫩芽基部或由伤口裂缝处蛀入。被害处因受刺激引起组织增生，形成瘿瘤，因连年为害，瘿瘤逐渐增大，造成树势衰弱，甚至枝干枯死。严重者，一株树上的瘿瘤多达 20 个以上。雄虫还在韧皮部、形成层内为害。被害树木枝干迅速加粗，呈纺锤形瘤状凸起，俗称柳树癌瘤。

柳瘿蚊为害叶片症状

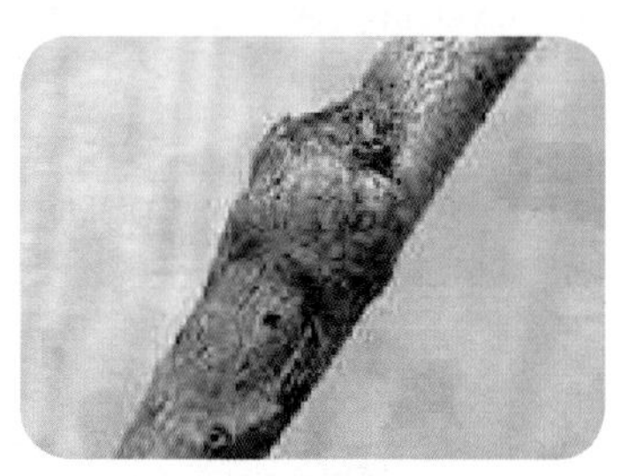

柳瘿蚊为害柳枝干症状

【形态特征】成虫：体长 2.5 ~ 3.5mm，紫红色或黑褐色。腹部各节着生环状细毛。触角灰黄色，念珠状，16 节，各节轮生细毛，雄成虫轮生毛较长，前翅膜质；透明；菜刀形；翅基狭窄；有 3 条纵脉；翅面生有短细毛。足细长。卵：长椭圆形，长 0.3 ~ 0.5mm，两端稍尖，橘黄色，略透明。幼虫：椭圆形，初孵幼虫体长 1 ~ 1.5mm，淡黄色。老熟幼虫体长 3 ~ 4mm，橘黄色，前胸有一“Y”状骨片。蛹：椭圆形，长 3 ~ 4mm，橘黄色。

【发生规律】在河南、山东、安徽、江苏、上海、湖北等地区 1 年发生 1 代，以幼虫在瘿瘤内越冬。翌年 2 月下旬至 3 月上旬开始化蛹，3 月中下旬成虫羽化，3 月下旬至 4 月上旬为成虫羽化盛期，成虫羽化后即行交尾产卵。成虫羽化多在上午，以 9：00—10：00 时为多。成虫发生期持续一个月左右。羽化与气温有密切关系，日平均气温达 15℃以上时，羽化数量显著增多。卵多产于瘿瘤，产在嫩芽基部和树皮伤口、裂缝等处的较少。卵多成块状，少数散产。雌虫一生平均产卵 150 粒左右。雌成虫寿命 2 ~ 3 天，雄成虫 1 ~ 2 天。卵期 6 ~ 10 天，蛹期 20 天左右。初孵幼虫先在亲代蛹室内取食，随后蛀入韧皮部、形成层内为害。幼虫分泌黏液，使蛀害处坏死，形成孔道。卵粒产于嫩芽基部和树皮伤口、裂缝处。

【防治】

（1）加强检疫，如有发现，应及时铲除枝干上的瘿瘤，并集中销毁。

（2）最好在成虫羽化扩散前防治。

①被为害树木较小或初期为害的，在冬季或在3月底以前，把被为害部位的树皮铲下，或把瘿瘤锯下，集中烧毁。

柳瘿蚊幼虫

②3月下旬，用40%氧化乐果原液，对水2倍涂刷瘿瘤及新侵害部位，并用塑料薄膜包扎涂药部位，可彻底杀死幼虫、卵和成虫。

③春季，在成虫羽化前用机油乳剂或废机油仔细涂刷瘿瘤及新侵害部位，可以杀死未羽化的老熟幼虫、蛹和羽化的成虫。

④5月，用40%氧化乐果2倍液在树干根基打孔（孔径0.5～0.8cm、深达木质部3cm），用注射器注药1.5～2ml，然后用烂泥封口，防止药液向外挥发，或刮皮涂药，毒杀瘿瘤内幼虫。

⑤5—6月，在瘿瘤上钻2～3个孔（孔径0.5～0.8cm、深入木质部3cm），然后用40%乐果的3～5倍液向孔注射1～2ml，然后用烂泥封口，防止药液向外挥发。这种方法对柳瘿蚊的防治有效率可达100%。

## 第三节　地下害虫及草坪虫害防治

地下害虫是指在土中生活为害植物根部、近土表主茎及其他部位的害虫，亦称土壤害虫。我国地下害虫的种类较多，已记载的达320

余种，分属昆虫纲9目38科，主要包括蝼蛄、蛴螬、地老虎、根蛆和金针虫等。这类害虫种类繁多，分布广，食性杂，为害重，是园林植物，特别是苗圃、草坪和花卉的一类重要害虫，多以幼虫生活在土中，为害园林植物的种子、根、茎、块根、块茎、幼苗、嫩叶及生长点等，发生和为害较隐蔽，为害严重，并混合发生，发现和防治比较困难，若疏忽大意，将会造成严重损失。常常造成缺苗、断垄或植株生长不良，备受世界各国的普遍重视。

草坪植物的虫害，相对于草坪病害来讲，对于草坪的为害较轻，比较容易防治，但如果防治不及时，亦会对草坪造成大面积的为害。按其为害部位的不同，草坪害虫可分为地下害虫和茎叶害虫两大类。常见的草坪害虫主要有：蛴螬、象鼻虫、金针虫、珠蚧、蝼蛄、地老虎、草地螟、黏虫、蝗虫等。

26. 蝼蛄

【分布为害】蝼蛄（*Gryllotalpa* spp.）属直翅目蝼蛄亚目蝼蛄科蝼蛄亚科，俗称“土狗子”。全世界已知约110种，我国记载的有11种，其中台湾2种。全国分布。以成虫和若虫在土壤中开掘隧道，咬食刚播下的种子，特别是刚发芽的幼苗根和茎，取食根部，呈乱麻状，是其为害特征。食性杂，能为害多种园林植物。是华北地区草坪和苗圃内重要的地下害虫之一。

蝼蛄

【形态特征】蝼蛄分华北蝼蛄（*Gryllotalpa unispina* Saussure）、东方蝼蛄（*G. orientalis* Burmeister）、台湾蝼蛄（*G. formosana* Shiraki）、普通蝼蛄［*G.gryllotalpa*（L.）］等几种，是为害草坪等园林植物的常见害虫，也是对高尔夫球场、果林、草坪为害最大又最难防治的地下害虫。它具有一对非常有力呈锯齿状的开掘足，在地下来回切割草和根茎并往前爬行，拱出多条隧道，所过之处，

根茎全被切断，轻则降低草坪质量，重则造成大片草坪死亡。

成虫：体长 36 ~ 55mm，黄褐色或黑褐色，腹部色较浅。头呈卵圆形，触角丝状。前胸背板特别发达，盾形，前胸中央有一个心脏形暗红色斑点，翅短小，前翅鳞片状，黄褐色，长 14 ~ 16mm，覆盖腹部不到 1/3；后翅扇形，纵卷成尾状，长 30 ~ 35mm，长过腹部末端。前足特化为开掘足，若虫共 13 龄。扁平，有尾须 2 根，以成虫和幼虫咬食幼苗的根和嫩茎，并在床面上钻隧道，造成缺苗现象。

【发生规律】蝼蛄以成虫或若虫在地下越冬，深度为地下水位以上和冻土层以下。3 月下旬至 4 月上旬，蝼蛄逐渐苏醒，随着地温升高，蝼蛄开始活动，当平均气温达到 11.5℃左右时，开始出现蝼蛄拱出的虚土隧道。日平均气温达 18℃左右时，为害猖獗。在酷暑时，蝼蛄潜入土中越夏，只是在新播种地稍有为害。8 月底至 10 月初，又是一个为害高峰，10 月中旬后，陆续入土越冬。蝼蛄昼伏夜出，以 21:00 ~ 23:00 时活动最旺盛，多在表土层或地下活动，特别是在高温、高湿、闷热、雨后的夜晚活动最频繁。

刚孵出的幼虫喜群集、怕风、怕光、怕水。东方蝼蛄孵化后群集时间为 3 ~ 6 天，华北蝼蛄群集时间稍长，而台湾蝼蛄群集时间最长，达 5 ~ 11 天，以后分散潜入地中为害。因此，在 6—8 月如发现向下的洞中有虚土或杂草堵塞，往往是蝼蛄的卵室或幼虫的群集地，顺着洞下切取土，可找到蝼蛄的卵块或幼虫，或下挖可找到成虫。蝼蛄喜欢在潮湿的地域中生活，对马粪等未腐熟的有机质特别感兴趣，成虫有很强的趋光性。

27. 华北蝼蛄

【分布为害】华北蝼蛄（*Gryllotalpa unispina* Saussure）分布于全国各地，但主要在北方地区，北纬 32° 以北。成虫和若虫咬食植物的幼苗根和嫩茎，同时由于成虫和若虫在土下活动开掘隧道，使苗根和土分离，造成幼苗干枯死亡，致使苗床缺苗断垄。

【形态特征】成虫：雌成虫：体长 45 ~ 50mm，雄成虫：体长

39 ~ 45mm。形似东方蝼蛄，但虫体黄褐色至暗褐色，前胸背板中央有1个心脏形红色斑点。后足胫节背侧内缘有棘1个或消失。腹部近圆筒形，背面黑褐色，腹面黄褐色。卵：椭圆形。初产时长1.6 ~ 1.8mm，宽1.1 ~ 1.3mm，孵化前长2.4 ~ 2.8mm，宽1.5 ~ 1.7mm。初产时黄白色，后变黄褐色，孵化前呈深灰色；若虫：形似成虫，体较小，初孵时体为乳白色，2龄以后变为黄褐色，5 ~ 6龄后基本与成虫同色。

华北蝼蛄

【发生规律】约3年1代，若虫13龄，以成虫和8龄以下的各龄若虫在150cm以上的土中越冬。翌年3—4月当10cm深土温达8℃左右时若虫开始上升为害，地面可见长约10cm的虚土隧道，4—5月地面隧道大增即为害盛期；6月上旬当隧道上出现虫眼时，开始出窝迁移和交尾产卵，6月下旬至7月中旬为产卵盛期，8月为产卵末期。越冬成虫于6—7月交配，产卵前在土深10 ~ 18cm处作鸭梨形卵室、上方挖1个运动室，下方挖1个隐蔽室；每室有卵50 ~ 85粒，每头雌虫产卵50 ~ 500粒，多为120 ~ 160粒，卵期20 ~ 25天。据北京观察，各龄若虫历期为1 ~ 2龄1 ~ 3天，3龄5 ~ 10天，4龄8 ~ 14天，5 ~ 6龄10 ~ 15天，7龄15 ~ 20天，8龄20 ~ 30天，9龄以后除越冬若虫外每龄需20 ~ 30天，羽化前的最后1龄需50 ~ 70天。

初孵若虫最初较集中，后分散活动，至秋季达8 ~ 9龄时即入土越冬；翌年春季，越冬若虫上升为害，到秋季达12 ~ 13龄时，又入土越冬；第三年春再上升为害，8月上中旬开始羽化，入秋即以成虫越冬。成虫虽有趋光性，但体形大飞翔力差，灯下的诱杀率不如东方蝼蛄高。华北蝼蛄在土质疏松的盐碱地，沙壤土地发生较多。

该虫在1年中的活动规律和东方蝼蛄相似，即当春天气温达8℃时开始活动，秋季低于8℃时则停止活动，春季随气温上升为害逐渐加重，地温升至10 ~ 13℃时在地表下形成长条隧道为害幼苗；地温升至20℃以上时则活动频繁、进入交尾产卵期；地温降至25℃以下时成虫、若虫开始大量取食积累营养准备越冬，秋播作物受害严重。土壤中大量施用未腐熟的厩肥、堆肥，易导致蝼蛄发生，受害较重。当深10 ~ 20cm处土温在16 ~ 20℃、含水量22% ~ 27%时，有利于蝼蛄活动；含水量小于15%时，其活动减弱；所以春、秋有两个为害高峰，在雨后和灌溉后常使为害加重。

【防治】

（1）诱杀。蝼蛄的趋光性很强，在羽化期间，19:00—22:00时可用灯光诱杀；或在苗圃步道间每隔20m左右挖一小坑，将马粪或带水的鲜草放入坑内诱集，再加上毒饵更好，次日清晨可到坑内集中捕杀。

（2）保护天敌。保护红脚隼、戴胜、喜鹊、黑枕黄鹂和红尾伯劳等食虫鸟以利控制虫害。

（3）园林措施。施用厩肥、堆肥等有机肥料要充分腐熟；深耕、中耕也可减轻蝼蛄为害。

（4）化学防治。处理苗床时，用40%氧化乐果乳油或其他药剂0.5kg加水5kg拌饵料50kg，傍晚将毒饵均匀撒在苗床上诱杀；饵料可用多汁的鲜菜、鲜草以及蝼蛄喜食的块根和块茎，或炒香的麦麸、豆饼和煮熟的谷子等。用25%甲萘威可湿性粉剂100 ~ 150g与25g细土均匀拌和，撒于土表再翻入土下毒杀。

28. 蝗虫

【分布为害】蝗虫属直翅目蝗总科，亦称“蚂蚱”，简称“蝗”，种类很多，全世界约有12 000种，已记载1 500属8 000多种。蝗虫食性很广，可取食多种植物，但较嗜好禾本科和莎草科的植物，喜食草坪禾草，成虫和若虫蚕食叶片和嫩茎，大发生时可将寄主食成光秆或全部食光，是农、林、牧和绿化业的一类重要害虫。

蝗虫

【形态特征】蝗虫的体型大小不等，体形可细长，可短粗，躯体绿色或黄褐色。咀嚼式口器，后足适于弹跳，常常成群飞翔，触角短而粗，产卵器分4瓣，跗节分3节。

【发生规律】多在5—9月发生。

【防治】

（1）发生量较多时，可采用药剂防治或飞机防治，常用的药剂有2.5%敌百虫粉剂、3.5%甲敌粉剂、4%敌马粉剂喷粉，每公顷30kg。50%马拉硫磷乳剂、75%杀虫双乳剂、40%氧化乐果乳剂1 000 ~ 1 500倍液喷雾。

（2）毒饵防治。用麦麸100份＋水100份+1.5%敌百虫粉剂2份（或用40%氧化乐果乳油等0.15份）混合拌匀，每公顷22.5kg，也可用鲜草100份切碎加水30份拌入上述药量，每公顷112.5kg，随配随撒，不宜过夜。阴雨、大风和温度过高或过低时不宜使用。

（3）人工捕捉。数量不太多时，可用捕虫网全面捕捉，也可减轻为害。

29. 中华剑角蝗

【分布为害】中华剑角蝗［*Acrida cinerea*（Thunberg）］属直翅目锥尾亚目蝗总科剑角蝗科剑角蝗属，有夏季型（绿色）、秋季型（土黄色有纹）。别名中华蚱蜢、尖头蚱蜢、括搭板，在中国通常叫蚱蜢。比中华负蝗大，细长。全国各地均有分布，北至黑龙江，南部到海南，西至四川、云南均有分布。为杂食性昆虫，寄主植物广泛，为害农作物、蔬菜、花卉及草坪。

【形态特征】成虫：体长80 ~ 100mm，常为绿色或黄褐色，雄虫体小，雌虫体大，背面有淡红色纵条纹。前胸背板的中隆线、侧隆线及腹缘呈淡红色。前翅绿色或枯草色，沿肘脉域有淡红色条纹，或中脉有暗褐色纵条纹，后翅淡绿色。若虫与成虫近似。卵成块状。

【发生规律】各地均为1年1代。成虫产卵于土层内，成块状，外被胶囊。以卵在土层中越冬。若虫（蝗蝻）为5龄。成虫善飞，若虫以跳跃扩散为主。在各类杂草中混生，保持一定湿度和土层疏松的场所，有利于蚱蜢的产卵和卵的孵化。一般常见发生于沟渠旁的草坪处。成虫及若虫食叶，常将叶片咬成缺刻或孔洞，严重时将叶片吃光。

中华剑角蝗

【防治】

（1）农业防治。我国食用蚱蜢（蝗虫）有着十分悠久的历史，迄今蚱蜢仍是人们喜爱的食品。秋后从田间采收，油炸后即可食用，另外也可加工成各种味道的食品或罐头。蚱蜢产卵量特别大，可以以此为原料加工制作蚱蜢卵酱。发生严重地区，在秋、春季铲除田埂、地边5cm以上的土及杂草，把卵块暴露在地面晒干或冻死，也可重新加厚地埂，增加盖土厚度，使孵化后的蝗蝻不能出土。

（2）在测报基础上，抓住初孵蝗蝻在田埂、渠堰集中为害双子叶杂草且扩散能力极弱的特点，每亩喷撒敌马粉剂1.5 ~ 2kg，也可用20%氰戊菊酯乳油15ml，对水400kg喷雾。

（3）保护利用麻雀、青蛙、大寄生蝇等天敌进行生物防治。

30. 蛴螬

【分布为害】蛴螬是鞘翅目金龟甲幼虫的总称。俗称“土蚕”。金龟子属鞘翅目金龟子总科，下分为22个科。全世界已知约有2.8万种金龟子，国内已知约有1 300种，其中植食性的占60%以上，大多属于鳃角金龟科、丽金龟科、犀金龟科（独角仙）和花金龟科等。在我国大部分地区均有发生，是地下害虫中种类最多、分布最广、为害最重的一个类群，咬食园林植物幼苗及草坪根茎部。

蛴螬（金龟子幼虫）

【形态特征】体近圆筒形，常弯曲成“C”字形，乳白色，密被棕褐色细毛，尾部颜色较深，头橙黄色或黄褐色，有胸足3对，无腹足。专门取食园林植物根茎部，引起植株萎蔫而死。而其成虫金龟子则食性很杂，花、叶和果实均是其取食对象。

【发生规律】以幼虫越冬。为害盛期为6月下旬至7月中旬，7月中旬出现新一代幼虫，成虫通常昼伏夜出，趋光性很强，对黑光灯尤为敏感。

近年来，金龟子对草坪的为害日趋严重，成为草坪的主要地下害虫之一，此虫食量大，暴发性强，短时间内即可将成片草坪破坏得残缺不全。轻者影响草坪的美观，重者造成草坪大面积枯死甚至毁灭。草坪受到蛴螬为害，植株生长出现失绿、萎蔫现象，大面积斑秃，较严重的则成片死亡。用手一提，就能掀起大片草坪，并在掀起草坪的地面上看到大量的幼虫。受害草坪多呈长条状枯死斑，严重降低草坪的观赏价值。蛴螬为地下害虫，防治起来非常困难。如果防治方法不当，则既达不到预期的目的，又浪费了大量的人力、物力和财力。

金龟子类害虫以其幼虫蛴螬取食植株的根系，多集中在春、秋两季为害，在草坪、花卉上以4—5月为害严重。成虫6—7月发生，取食草的地上部分，一般具趋光性及假死性。幼虫分3龄，3个龄期达314天，以3龄幼虫在60 ~ 70cm土中越冬。翌年4月，幼虫上迁进入耕犁层为害。后在土深5cm处化蛹，预蛹期7 ~ 8天。蛹历期一般14.5天，温度高时，蛹期缩短。

目前确定的优势种四纹丽金龟（*Popillia quadriguttata* Fabricius）分布于国内各省。一年一代，发生整齐。新羽化的成虫6月下旬出土，7月中旬盛发，8月后逐渐减少。成虫活动适温为26.9℃，相对湿度75.8%，土深10cm，地温为28.2℃。

成虫白天活动，傍晚潜回土内，有假死性，常群聚取食草坪和其他园林植物的叶片、花瓣和花蕾、残留叶脉和花柄。成虫出土后即可交尾，产卵主要在叶片上，单雌产卵约 40 粒，卵散产，卵粒包藏于卵室中，一室一粒。成虫寿命 26 天。初产卵乳白色，椭圆形，径长宽为 1.4mm × 0.9mm。卵历期 10 ~ 12 天。根据该虫的习性，防治上应注意 4–5 月幼虫浅土层的为害及 6—7 月成虫期的为害。

【防治】参考地下害虫防治。

31. 金针虫

【分布为害】金针虫是鞘翅目叩头甲科（Elateridae）幼虫的通称，俗称“铁丝棍虫”。分布于中国的主要种类有沟金针虫［*Pleonomus canaliculatus*（Faldermann）］、细胸金针虫（*Agriotes subvittatus* Motschulsky）、褐纹金针虫（*Melanotus caudex* Lewis）、宽背金针虫［*Selatosomus latus* (Fabricius)］、兴安金针虫［*Hemicrepidius dauricus*（Mennerheim）］和暗褐金针虫（Selatosomus sp.）等。为害种子刚发出的芽、幼苗的根部和嫩茎，造成成片的缺苗现象。受害幼苗主根一般很少被咬断，被害部位不整齐或形成与体形相适应的细小孔洞。

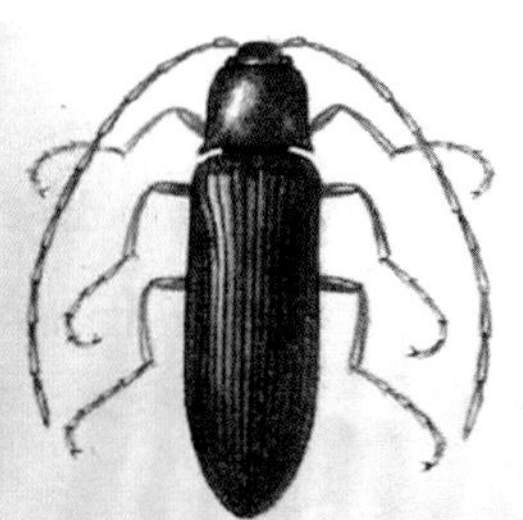

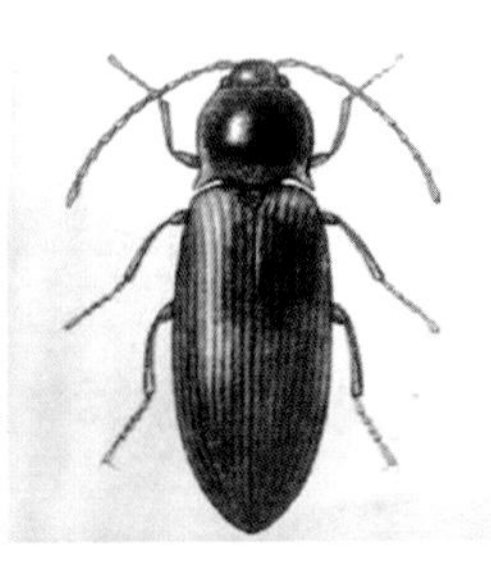

沟金针虫

沟金针虫主要分布区域北起辽宁，南至长江沿岸，西到陕西、青海，旱作区的粉沙壤土和粉沙黏壤土地带发生较重。

细胸金针虫从东北北部，到淮河流域，北至内蒙古以及西北等地均有发生，但以水浇地、潮湿低洼地和黏土地带发生较重。

暗褐金针虫分布于四川西部地区。

褐纹金针虫主要分布于华北，幼虫宽背金针虫分布黑龙江、内蒙古、宁夏、新疆，兴安金针虫主要分布于黑龙江。

【形态特征】成虫：体长 20mm 左右，体扁平，长条形，淡黄褐色至深栗色，体上密布金色细毛，幼虫金黄色，胸、腹部背板中央有一条纵沟。叩头虫一般颜色较暗，体形细长或扁平，具有梳状或锯齿状触角。胸部下侧有 1 个爪，受压时可伸入胸腔。当叩头虫仰卧，若突然敲击爪，叩头虫即会弹起，向后跳跃。幼虫圆筒形，体表坚硬，蜡黄色或褐色，末端有两对附肢，体长 13 ~ 20mm。根据种类不同，幼虫期 1 ~ 3 年，蛹在土中的土室内，蛹期大约 3 周。成虫：体长 8 ~ 9mm 或 14 ~ 18mm，依种类而异。体黑或黑褐色，头部生有 1 对触角，胸部着生 3 对细长的足，前胸腹板具 1 个突起，可纳入中胸腹板的沟穴中。头部能上下活动似叩头状，故俗称“叩头虫”。幼虫体细长，25 ~ 30mm，金黄或茶褐色，并有光泽，故名“金针虫”。身体生有同色细毛，3 对胸足大小相同。

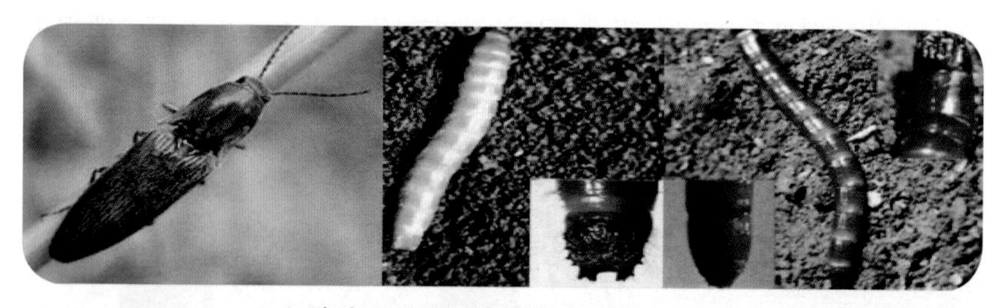

细胸沟金针虫：左，成虫；右，幼虫

细胸金针虫蛹

细胸金针虫幼虫

褐纹金针虫成虫

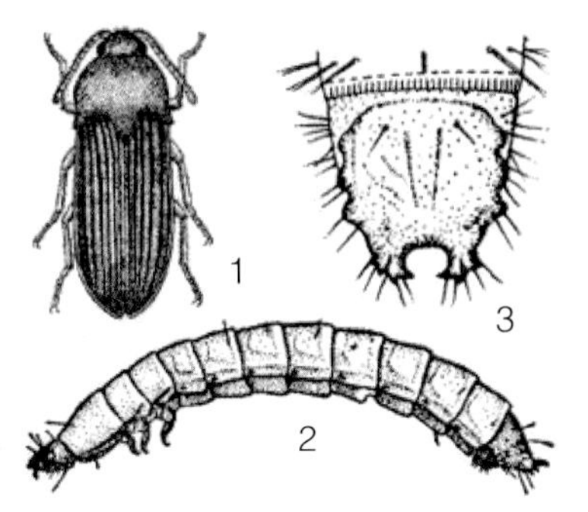


1. 成虫；2. 幼虫；3. 头部
褐纹金针虫

【发生规律】华北地区草坪及苗圃内发生普遍，主要咬食植株的根、嫩茎和刚发芽的种子。

金针虫的生活史很长，因不同种类而不同，常需 3 ～ 5 年才能完成一代，各代以幼虫或成虫在地下越冬，越冬深度在 20 ～ 85cm。

沟金针虫约需 3 年完成一代，在华北地区，越冬成虫于 3 月上旬开始活动，4 月上旬为活动盛期。成虫白天躲在麦田或田边杂草中和土块下，夜晚活动，雌性成虫不能飞翔，行动迟缓有假死性，没有趋光性，雄虫飞翔较强，卵产于土中 3 ～ 7cm 深处，卵孵化后，幼虫直接为害作物。

沟金针虫、细胸金针虫和褐纹金针虫，其幼虫统称金针虫，其中以沟金针虫分布范围最广。为害时，可咬断刚出土的幼苗，也可进入已长大的幼苗根里取食为害，被害处不完全咬断，断口不整齐。还能钻蛀较大的种子及块茎、块根，蛀成孔洞，被害株则干枯而死亡。沟金针虫在 8—9 月化蛹，蛹期 20 天左右，9 月羽化为成虫，即在土中越冬，翌年 3—4 月出土活动。金针虫的活动，与土壤温度、湿度、寄主植物的生育时期等有密切关系。以幼虫长期生活于土壤中，主要为害林木幼苗等。幼虫能咬食刚播下的种子，食害胚乳使其不能发芽，如已出苗可为害须根、主根和茎的地下部分，使幼苗枯死。主根受害部不整齐，还能蛀入块茎和块根。

【防治】

（1）种植前要深耕多耙，精细整地，适时播种，消灭杂草，适时旱浇，及时中耕除草，创造不利于金针虫活动的环境，减轻受害程度。定植前土壤处理，可用48%地蛆灵乳油200ml/亩，拌细土10kg撒在种植沟内，也可将农药与农家肥拌匀施入。

（2）生长期发生沟金针虫为害，可在苗间挖小穴，将颗粒剂或毒土点入穴中立即覆盖，土壤干时也可将48%地蛆灵乳油2 000倍液，开沟或挖穴点浇。在金针虫活动盛期常灌水，可抑制为害。

（3）药剂拌种。用50%辛硫磷、48%毒死蜱、48%地蛆灵拌种，比例为药剂：水：种子=1：（30～40）：（400～500）。

（4）施用毒土。用48%地蛆灵乳油每亩200～250g，50%辛硫磷乳油每亩200～250g，对水10倍，喷于25～30kg细土上拌匀成毒土，顺垄条施，随即浅锄；用5%甲基毒死蜱颗粒剂每亩2～3kg拌细土25～30kg成毒土，或用5%辛硫磷颗粒剂每亩2.5～3kg处理土壤。

32. 大灰象

【分布为害】大灰象［*Sympiezomias velatus*（Chevrolat）］属鞘翅目象甲科，又称大灰象甲。主要分布于东北、华北，以及山东、河南、湖北、陕西、安徽等省。是北方常见的害虫，其食性极杂，为害苹果、梨、桃、柳、刺槐、核桃、杨树、泡桐及草坪等。据记载，寄主植物有41科70属101种。以成虫为害寄主的幼芽、叶片和嫩茎，是苗期的重要害虫。

大灰象成虫

【形态特征】成虫：体长10mm左右，黑色，全身被灰白色鳞毛。前胸背板中央黑褐色。头管短粗，表面有3条纵沟，中央一沟黑色。鞘翅上各有1个近环状的褐色斑纹和10条刻点列；卵：长椭圆形，长1mm，初产时乳白色，近孵化时乳黄色；幼虫，老熟幼虫体长约14mm，乳白色，头部米黄色，第9腹节末端稍扁；蛹，长9～10mm，长椭圆形，乳黄色，头管下垂达前胸。头顶及腹背疏生刺毛，尾端向腹面弯曲。末端两侧各具一刺。

【发生规律】2年发生1代。以幼虫越冬，翌年以成虫越冬。成虫不能飞，常群集于幼苗取食。在叶片上产卵。幼虫生活于土中，取食腐殖质和根须，对幼苗为害不明显。幼虫在土下60～100cm深处营土室越冬。翌年化蛹，羽化为成虫，在原地越冬。

【防治】

（1）根据成虫群集于苗茎基部取食的习性，可在4月中下旬人工捕杀。

（2）用50%辛硫磷乳剂1 000倍液，喷雾于苗基处毒杀成虫。

33. 地老虎

【分布为害】地老虎属鳞翅目夜蛾科，俗称地蚕、切根虫，目前，在国内已知种类达170余种，以小地老虎［*Agrotis ipsilon*（Hufnagel）］、黄地老虎［*A.segetum*（Denis et Schiffermüller）］的分布广、为害重；大地老虎（*A.tokionis* Butler）、警纹地老虎［*A.exclamationis*（L.）］和白边地老虎［*Euxoa oberthuri*（Leech）］等常在局部地区发生猖獗。以幼虫为害园林植物、草坪等花卉苗木，还大量为害农作物，从地面咬断或咬食幼苗根茎及生长点，影响植株生长或导致幼苗死亡。

【形态特征】成虫：体长20mm左右，全身灰褐色，前翅具有两对横纹。幼虫：黑褐色，腹背有黄褐色纵线两条，主要为害植株的根、茎，造成大量死亡。国内发生的有小地老虎、大地老虎、黄地老虎、八字纹

地老虎成虫

地老虎、显纹地老虎及警纹地老虎，其中以小地老虎最多，为害最重。小地老虎昼伏夜出，成虫暗褐色，幼虫咬断幼苗茎基部。

小地老虎幼虫

【发生规律】小地老虎一年发生3～4代，以卵、蛹或老熟幼虫在土中越冬。翌年3月出现成虫，成虫具趋光性和趋化性，喜吸食酸、甜、酒味等芳香性物质。成虫羽化后经3～5天，开始产卵：卵多散产于低矮叶密的草上，少数产于枯叶及土隙下。每头产卵800～1 000粒，最多达2 000粒。幼虫3龄前昼夜活动，多群集于叶片和茎上，为害极大，可使草坪和苗圃成片空秃。3龄后分散活动，白天潜伏于土表，夜间出土为害，咬断幼苗根茎或咬食未出土的幼苗。

幼虫共分6龄，个别7～8龄。1～2龄幼虫群集于杂草、花卉、幼苗的顶心嫩叶处，昼夜取食为害。3龄以后，开始扩散，白天潜伏于杂草、幼苗根部附近表土的干、湿层之间，尤以黎明前露水多时更甚，把咬断的幼苗嫩茎拖入穴内供食。在食料不足或环境不适时，则发生迁移，多在夜间，也有在白天迁移为害的。成虫有假死的习性，受到惊扰即蜷缩成团。幼虫老熟后多潜伏于5cm左右深的土中筑土室化蛹，蛹期约15天。

【防治】地老虎幼虫3龄以前群集于杂草或幼苗上，抗药力小，是防治的关键时期。参考地下害虫防治。

34. 黏虫

【分布为害】黏虫［*Mythimna separate*（Walker）］属鳞翅目夜蛾科。中国除新疆未见报道外，遍布全国各地。寄主为麦、水稻、玉米等禾谷类粮食作物及棉花、豆类、蔬菜等16科104种以上植物。幼虫食叶，大发生时可将植株叶片全部食光，造成严重损失。因其群聚性、迁飞性、杂食性、暴食性，成为全国性重要农业害虫。2012年，全国黏虫发生面积近 5 000 万亩，为害程度近十年最重。

黏虫幼虫

【形态特征】成虫：体长 15 ~ 17mm，翅展 36 ~ 40mm。头部与胸部灰褐色，腹部暗褐色。前翅灰黄褐色、黄色或橙色，变化很多；内横线往往只现几个黑点，环纹与肾纹褐黄色，界限不显著，肾纹后端有一个白点，其两侧各有一个黑点；外横线为一列黑点；后翅暗褐色，向基部色渐淡。卵：长约 0.5mm，半球形，初产白色渐变黄色，有光泽。卵粒单层排列成行成块。幼虫：老熟幼虫体长 38mm。头红褐色，头盖有网纹，额扁，两侧有褐色粗纵纹，略呈八字形，外侧有褐色网纹。体色由淡绿色至浓黑色，变化甚大（常因食料和环境不同而有变化）；在大发生时背面常呈黑色，腹面淡污色，背中线白色，亚背线与气门上线之间稍带蓝色，气门线与气门下线之间粉红色至灰白色。腹足外侧有黑褐色宽纵带，足的先端有半环式黑褐色趾钩。蛹，长约 19mm；红褐色；腹部 5 ~ 7 节背面前缘各有一列齿状点刻；臀棘上有刺 4 根，中央 2 根粗大，两侧的细短刺略弯。

【发生规律】黏虫属迁飞性害虫，其越冬分界线在北纬 33° 一带。在 33° 以北地区任何虫态均不能越冬；北方春季出现的大量成虫系由南方迁飞所致。南方的越冬代黏虫及第 1 代黏虫于 2—4 月羽化后，向北迁飞，到江苏、安徽、山东、河南等地，成为这些地区的第 1 代虫源，然后第 1 代成虫于 5—6 月又向北迁飞到东北、华

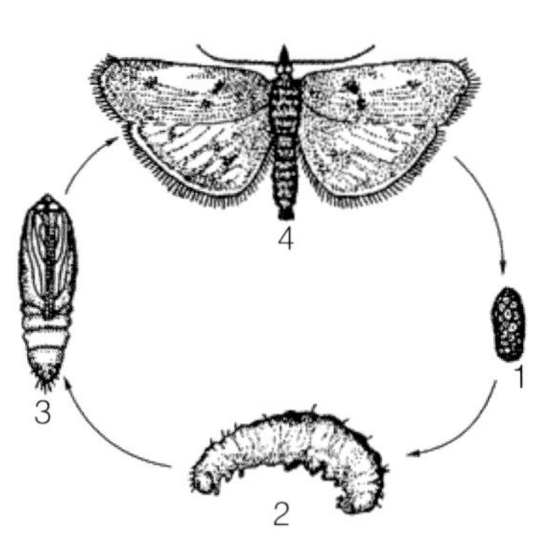

1. 卵；2. 幼虫；3. 蛹；4 成虫
黏虫生活史

北等地。幼虫咬食叶片，1 ~ 2龄幼虫仅食叶肉，形成小圆孔，3龄后形成缺刻，5 ~ 6龄达暴食期。为害严重时将叶片吃光，使植株形成光秆。

【防治】

（1）诱杀成虫。插谷草把或稻草把，每亩60 ~ 100个，每5天更换新草把，把换下的草把集中烧毁。也可用糖醋盆、黑光灯等诱杀成虫。

（2）在幼虫3龄前及时喷撒2.5%敌百虫粉，每亩喷1.5 ~ 2.5kg。有条件的喷洒90%晶体敌百虫1 000倍液或50%马拉硫磷乳油1 000 ~ 1 500倍液、90%晶体敌百虫1 500倍液加40%乐果乳油1 500倍液，每亩喷对好的药液75kg。每亩用20%除虫脲胶悬剂10ml，对水12.5kg。

（3）药剂防治。丁硫克百威与辛硫磷以1 ∶ 4混配，增效作用显著。双甲脒与丁硫克百威及双甲脒与辛硫磷1 ∶ 1混配有增效作用。在幼虫低龄期，及时控制其为害，可选用下列药剂喷雾防治：5%定虫隆乳油4 000倍液、5%氟虫脲乳油4 000倍液、20%灭幼脲悬浮剂500 ~ 1 000倍液或20%氰戊菊酯2 000 ~ 4 000倍液等均有较好的防治效果。

35. 淡剑贪夜蛾

【分布为害】淡剑贪夜蛾［*Spodoptera depravata*（Butler）］属鳞翅目夜蛾科，又称淡剑袭夜蛾、淡剑蛾、小灰夜蛾、淡剑夜蛾。主要分布于华北、华中，吉林、辽宁、陕西等地。主要为害早熟禾、高羊茅、黑麦草、结缕草等禾本科冷季型草坪。

淡剑贪夜蛾（左：成虫，中：蛹，右：幼虫）

【形态特征】成虫：虫体淡灰褐色，前翅灰褐色，后翅淡灰褐色，比前翅阔。雄成虫触角羽状，雌成虫触角丝状。卵：馒头形，直径 0.3 ~ 0.5mm，有纵条纹，初为淡绿色，后渐变深，孵化前灰褐色。幼虫：体色变化大：初孵化时灰褐色，头部红褐色；取食后呈绿色；老熟幼虫为圆筒形，体长 13 ~ 20mm，头部为浅褐色椭圆形，腹部青绿色，沿蜕裂线有黑色“八”字纹。幼虫有假死性，受惊动蜷曲呈“C”形。蛹：体长 12 ~ 14mm，初化蛹时为绿色，后渐变红褐色，具有光泽。臀棘 2 根，平行。

淡剑贪夜蛾幼虫

被淡剑贪夜蛾啃食的高羊茅草

【发生规律】每年发生 4 ~ 5 代，在华北 1 年发生 3 ~ 4 代，淡剑贪夜蛾的老熟幼虫在草坪、杂草等处越冬。6 月上中旬，越冬幼虫化蛹陆续羽化、产卵：5—10 月均有此虫为害。幼虫白天、夜间均取食，以夜间为主。白天栖息于草坪草的叶背、根茎部或贴近土壤潮湿处。高龄幼虫在草坪根际活动多，虫粪较明显，多在早晚和夜间取食。羽化时间多在黄昏以后，成虫喜欢夜间活动，白天潜伏在草坪丛中，静伏时两翅成屋脊状，受惊时短距离飞翔。成虫具有很强的趋光性，它们夜出活动，进行交配，上半夜扑灯较盛，次日下午至傍晚产卵：将卵产于草坪叶尖背面或中上部及分杈处，成块或数粒，卵块长条形，外覆灰绒毛，每块粒数不等，少则 70 ~ 80 粒，多则上百粒。成虫一生平均可产卵 350 粒左右。幼虫吃食植物叶片，为暴食性害虫，孵化后即在附近取食。幼虫 1 ~ 2 龄时，只取食嫩叶叶肉，留下透明的叶表皮。2 龄后分散，3 龄以后取食叶片，吃成缺刻，在草坪的茎部啃食嫩茎。3 ~ 4 龄食量还较小，进入 5 ~ 6 龄后食量大增，为暴食期，把叶脉及嫩茎吃光，阴雨天昼夜咬食为害。每年虫量高峰期在9月，湿度大的年份发生多。成虫产卵于草坪草的叶片上或草坪中观赏树的叶片反面。幼虫低龄时啃食草坪草叶肉形成小白斑点，高龄时咬断叶片。高龄幼虫昼伏夜出，白天躲在草坪下层。

【防治】

（1）利用黑光灯诱杀。

（2）1%甲氨基阿维菌素、25%灭幼脲悬浮剂、5%氯氰菊酯或20%氰戊菊酯，均有较好的防治效果。

36. 草地螟

【分布为害】草地螟（*Loxostege sticticalis* Linnaeus）分布于我国北方地区，蛀食草根及茎部，使供水中断，导致茎、叶发黄、枯死。

【形态特征】成虫淡褐色，体长8～10mm，前翅灰褐色，外缘有淡黄色条纹，翅中央近前缘有一深黄色斑，顶角内侧前缘有不明显的三角形浅黄色小斑，后翅浅灰黄色，有两条与外缘平行的波状纹。卵椭圆形，长0.8～1.2mm，为3～5粒或7～8粒串状粘成复瓦状的卵块。幼虫共5龄，老熟幼虫16～25mm，1龄淡绿色，体背有许多暗褐色纹，3龄幼虫灰绿色，体侧有淡色纵带，周身有毛瘤。

草地螟成虫

5龄多为灰黑色，两侧有鲜黄色线条。蛹长14～20mm，背部各节有14个赤褐色小点，排列于两侧，尾刺8根。

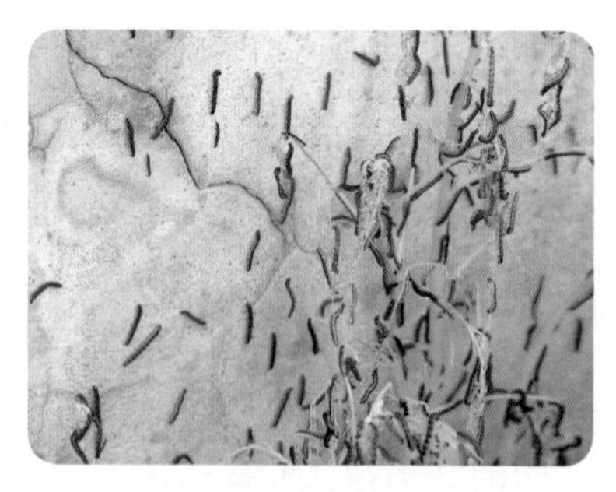

草地螟幼虫

【发生规律】年发生2～4代，以老熟幼虫在土内吐丝作茧越冬。翌春5月化蛹及羽化。越冬幼虫在翌春，随着日照增长和气温回升，开始化蛹，一般在5月下旬至6月上旬进入羽化盛期。越冬代成虫羽化后，从越冬地迁往发生地，在发生地繁殖1 ~ 2代后，再迁往越冬地，产卵繁殖到老熟幼虫入土越冬。草地螟成虫有群集性。在飞翔、取食、产卵以及在草丛中栖息等，均以大小不等的高密度的群体出现。对多种光源有很强的趋性。尤其对黑光灯趋性更强。成虫需补充营养，常群集取食花蜜。成虫产卵选择性很强，在气温偏高时，选高海拔冷凉的地方，气温偏低时，选低海拔向阳背风地，在气温适宜时选择比较湿润的地方。卵多产在藜科、菊科、锦葵科和茄科等植物上。幼虫4 ~ 5龄期食量较大，此时如果幼虫密度大而食量不足时可集群爬至他处为害。初孵幼虫取食叶肉，残留表皮，长大后可将叶片吃成缺刻或仅留叶脉，使叶片呈网状。成虫飞翔力弱，喜食花蜜，卵散产于叶背主脉两侧，常3 ~ 4粒在一起，以距地面2 ~ 8cm的茎叶上最多。初孵幼虫多集中在枝梢上结网躲藏，取食叶肉，3龄后食量剧增，幼虫共5龄。

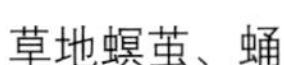

草地螟茧、蛹

草地螟越冬穴巢

【防治】2.5%敌百虫粉剂喷粉，每公顷22.5 ~ 30kg。90%敌百虫结晶1 000倍液、50%马拉硫磷和50%辛硫磷乳油1 000倍液、25%鱼藤精乳油800倍液喷雾。还可用每克菌粉含100亿活孢子的苏云金杆菌菌粉2 000 ~ 3 000倍液喷雾。

37. 黑翅土白蚁

【分布为害】黑翅土白蚁［*Odontotermes formosanus*（Shiraki）］属等翅目白蚁科。分布在中国黄河、长江以南各省市地区。主要为害樱花、梅花，亦可为害桂花、桃花、广玉兰、红叶李、月季、栀子花、海棠、蔷薇、蜡梅、麻叶绣球等花木。是一种土栖性害虫。主要以工蚁为害树皮及浅木质层，以及根部。造成被害树干外形成大块蚁路，长势衰退。当侵入木质部后，则树干枯萎；尤其对幼苗，极易造成死亡。采食为害时做泥被和泥线，严重时泥被环绕整个干体周围而形成泥套，其特征很明显。

【形态特征】有翅成蚁：体长 12 ~ 16mm，全体呈棕褐色；翅展 23 ~ 25mm，黑褐色；触角 11 节；前胸背板后缘中央向前凹入，中央有 1 个淡色“十”字形黄色斑，两侧各有 1 个圆形或椭圆形淡色点，其后有 1 个小而带分支的淡色点，足淡黄色。卵：椭圆形，乳白色。

黑翅土白蚁成虫

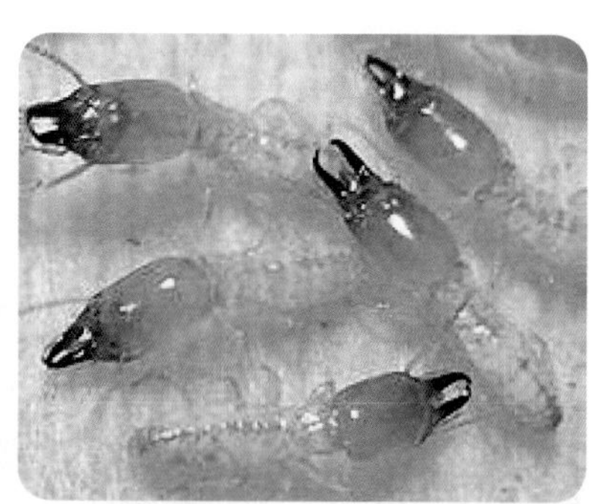

黑翅土白蚁蚁群

【发生规律】黑翅土白蚁有翅成蚁一般叫做繁殖蚁。每年 3 月开始出现在巢内，4—6 月在靠近蚁巢地面出现羽化孔，羽化孔突圆锥状，数量很多。在闷热天气或雨前傍晚 19:00 时左右，爬出羽化孔穴，群飞天空，停下后即脱翅求偶，成对钻入地下建筑新巢，成为新的蚁王、蚁后繁殖后代。繁殖蚁从幼蚁初具翅芽至羽化共七龄，同一巢内龄期极不整齐。兵蚁专门保卫蚁巢，工蚁担负筑巢、采食和抚育

幼蚁等工作。蚁巢位于地下 0.3 ～ 2.0m 之处，新巢仅是一个小腔，3 个月后出现草裥菌体组织 ( 鸡枞菌、三踏菌、鸡枞花 )，状如面包。在新巢的成长过程中，不断发生结构上和位置上的变化，蚁巢腔室由小到大，由少到多，个体数目达 200 万以上。黑翅土白蚁具有群栖性，无翅蚁有避光性，有翅蚁有趋光性。

【防治】

（1）清洁园圃中枯枝落叶。用松木、甘蔗、芦草等坑埋于地下，保持湿润，并施入适量农药，如施入“灭蚁灵”等，诱杀工蚁。每年从芒种到夏至的季节，如地面发现有草裥菌，地下必有生活蚁巢，应进行人工挖除之。

（2）当繁殖蚁羽化分飞盛期时，可悬挂黑光灯诱杀有翅成蚁。

（3）在被害植株基部附近用氯丹乳剂 50 ～ 100 倍液喷施或灌浇，可防治白蚁为害。发现蚁路和分群孔，可选用 70% 灭蚁灵粉剂喷施蚁体，起到传播灭蚁的作用。

# 参考文献

河南省森林病虫害防治检疫站. 2005. 河南林业有害生物防治技术 [M]. 郑州：黄河水利出版社.

靳海舟，贺富军. 2007. 新黑地珠蚧的发生与防治 [J]. 河南农业（10）：16.

吕文彦，翟凤艳. 2012. 园林植物病虫害防治 [M]. 北京：中国农业科学技术出版社.

屈朝彬，等. 2008. 公路绿化植物病虫害防控图谱 [M]. 北京：中国林业出版社.

唐志. 1989. 地珠与线虫孢囊 [J]. 植物检疫，3（2）155–156.

王宇飞，赵树英，李志武. 2010. 园林有害生物 [M]. 沈阳：辽宁科学出版社.

魏鸿钧，张治良，王萌长. 1989. 中国地下害虫 [M]. 上海：上海科学技术出版社.

武三安. 2008. 园林植物病虫害防治 [M]. 北京：中国林业出版社.

徐明慧. 1993. 园林植物病虫害防治 [M]. 北京：中国林业出版社.

杨子琦，曹华国. 2002. 园林植物病虫害防治图鉴 [M]. 北京：中国林业出版社.

张中社. 2009. 园林植物病虫害防治 [M]. 北京：高等教育出版社.

郑进，孙丹萍. 2003. 园林植物病虫害防治 [M]. 北京：中国科学技术出版社.

郑智龙. 2013. 抑上控下法在草履蚧防治中的研究 [J]. 农业与技术，33（1）：48.

郑智龙，丁鸽，邱雅林，等. 2013. 园林植物病虫害防治 [M]. 北京：中国农业科学技术出版社.